工 程 训 练

主编　杨进德

钳工加工技术概论

钳工加工技术实训

数控车削编程

普通车床加工技术
实训

数控车床操作实训

计算机辅助加工
技术实训 1

计算机辅助加工
技术实训 2

加工中心实训

电火花线切割原理

电火花线切割实训

西南交通大学出版社

·成　都·

图书在版编目（CIP）数据

工程训练 / 杨进德主编. —成都：西南交通大学
出版社，2019.5（2021.6 重印）
ISBN 978-7-5643-6816-6

Ⅰ. ①工… Ⅱ. ①杨… Ⅲ. ①机械制造工艺－高等学
校－教材　Ⅳ. ①TH16

中国版本图书馆 CIP 数据核字（2019）第 062841 号

工程训练

主编　杨进德

责 任 编 辑	黄淑文	
封 面 设 计	墨创文化	
出 版 发 行	西南交通大学出版社	
	（四川省成都市金牛区二环路北一段 111 号	
	西南交通大学创新大厦 21 楼）	
发 行 部 电 话	028-87600564　028-87600533	
邮 政 编 码	610031	
网　　　址	http://www.xnjdcbs.com	
印　　　刷	四川森林印务有限责任公司	
成 品 尺 寸	185 mm × 260 mm	
印　　　张	13.25	
字　　　数	357 千	
版　　　次	2019 年 5 月第 1 版	
印　　　次	2021 年 6 月第 2 次	
书　　　号	ISBN 978-7-5643-6816-6	
定　　　价	39.00 元	

前　言

工程训练是一门实践性很强的课程。学生通过实训，能了解机械制造的一般过程，熟悉典型零件的加工方法及加工设备的工作原理，了解现代制造技术在机械制造中的应用，在主要工种上具有独立完成简单零件加工的动手能力；使其工程实践综合能力得到训练，思想品德和素质得到培养与锻炼。工程训练能培养学生严谨的科学作风，让学生有更多的独立设计、独立制作和综合训练的机会，使学生动手动脑，并在求新求变和反复归纳与比较中丰富知识、锻炼能力，从而提高学生的综合素质，培养其创新精神和创新能力。

本教材结合我校多年的工程训练教学经验，并考虑金工教学发展新形势的需要，参考了众多工程训练教材及技术文档编写而成。

学习本教材的内容，可以使学生在工程训练时，了解零件毛坯的加工工艺过程、零件的主要切削加工方法、数控及特种加工等先进制造技术的应用。这有利于学生在实训过程中快速、正确地掌握相应的操作技能。本教材注重理论和实践相结合，以实训为重点，适当淡化工艺理论知识，突出能力的培养。教材编写过程中力求简明扼要，突出重点，注重基本概念，讲求实用，强调可操作性和便于自学。教材后面附有"学生实训守则"和"实训安全操作规程"，有利于保障金工实训的安全进行。

本教材由贵州大学工程训练中心组织编写。参加编写工作的有杨进德、白洪权、何流洪、王猛等老师。其中杨进德担任主编，并负责全书的统稿。

本教材在编写过程中，参考了兄弟院校老师编写的有关教材及相关资料，并得到了贵州大学工程训练中心全体教职工、贵州大学机械工程学院机械制造教研室老师的热情帮助和支持，在此一并致谢。

由于编者水平有限，加之经验不足、时间仓促，书中难免存在疏漏之处，恳请广大读者批评指正。

编　者
2018 年 11 月

目　　录

第一章　铸　造

第一节　砂型铸造的造型方法

一、实训目的

（1）了解铸造生产在机械制造中的地位和作用；
（2）了解砂型铸造生产的特点及生产工艺过程；
（3）了解造型材料的组成及作用；
（4）掌握常用手工造型工具的使用；
（5）掌握常用手工造型的操作方法。

二、实训准备知识

1. 铸造生产在机械制造中的地位和作用

铸造是熔炼金属、制造铸型，并将熔融金属浇入铸型，凝固后获得一定形状与性能铸件的成型方法。采用铸造方法获得的金属毛坯或零件称为铸件。在机械制造中，大部分机械零件是用金属材料制成的。采用铸造方法制成的毛坯或零件，具有如下优点：

（1）铸件的形状可以十分复杂，不仅可以获得十分复杂的外形，更为重要的是能获得一般机械加工设备难以加工的复杂内腔。

（2）铸件的尺寸和重量不受限制，大到十几米、数百吨，小到几毫米、几克。

（3）铸件的生产批量不受限制，可单件小批生产，也可大批大量生产。

（4）成本低廉，节省资源，铸件的形状、尺寸与零件相近，节省了大量的金属材料和加工工时，材料的回收和利用率高。尤其是精密铸造，可以直接铸出零件，是少无切削加工的重要途径之一。

（5）铸件材质内在质量变化较大，一些现代铸造方法生产的铸件材料质量已逐步接近锻件。

铸造生产是机械制造业中一项重要的毛坯制造工艺过程，其质量和产量以及精度等直接影响到机械产品的质量、产量和成本。

2. 砂型铸造生产过程简介

根据生产方法的不同，铸造可以分为砂型铸造和特种铸造两大类。砂型铸造是常用的基本铸造方法，其生产的铸件占铸件总量的 90% 以上。

砂型铸造又分为湿型（砂型未经烘干处理）铸造和干型（砂型经烘干处理）铸造两种。

砂型的铸造一般由制造砂型、制造型芯、烘干、合箱、浇注、落砂、清理及检验等工艺过程组成，图 1.1.1 所示为齿轮毛坯的砂型铸造工艺过程。

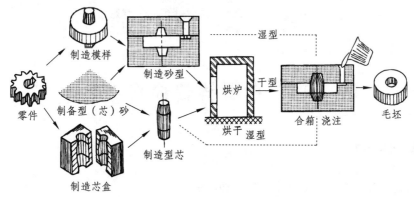

图 1.1.1　齿轮毛坯的砂型铸造工艺过程

3. 造型材料的性能及制备

制造砂型与型芯的材料称为造型材料。型砂由原砂和黏结剂混制而成，原砂是耐高温材料，是型砂的主体，常用二氧化硅含量较高的硅砂或海（河）砂作为原砂。常用的黏结剂为黏土、水玻璃或渣油等。为满足透气性等性能要求，型砂中还加入锯末、煤粉等材料。

型砂和芯砂应具备如下基本性能：

（1）强度——为了使铸型在造型、合箱、搬运和在液体冲击作用下不致损坏，型砂必须具有一定的强度。

（2）透气性——型砂和芯砂能让气体通过的性能，称为透气性。在浇注时，会产生大量气体，若透气性差，气体将会留在铸件里，形成气孔。

（3）耐火性——在高温和液体的作用下，型砂和芯砂不被烧结或融化的性能，称为耐火性。

（4）退让性——铸件冷却收缩时，型砂和芯砂具有的可被压缩的性能，称为退让性。退让性差，会阻碍铸件的收缩，在铸件中形成较大的内应力，引起铸件的变形和开裂。

4. 浇注系统的作用和类型

在铸型中用来引导金属液流入型腔的通道称为浇注系统。浇注系统对铸件的质量影响较大，浇注系统安排不当，可能产生浇不足、气孔、夹渣、砂眼、冲砂、缩孔和裂纹等铸造缺陷。合理的浇注系统应具备下述作用：

（1）将金属液平稳地导入型腔，以获得轮廓清晰完整的铸件。

（2）隔渣，阻止金属液中的杂质和熔渣进入型腔。

（3）控制金属液流入型腔的速度和方向。

（4）调节铸件的凝固顺序。

浇注系统一般包括外浇口、直浇道、横浇道和内浇道等，如图 1.1.2 所示。

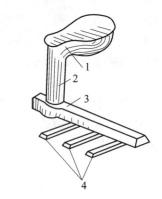

图 1.1.2　浇注系统示意图

1—外浇口；2—直浇道；3—横浇道；

4—内浇道

外浇口的作用是容纳注入的金属液并缓解液态金属对砂型的冲击。小型铸件通常为漏斗状（称浇口杯），较大型铸件为盆状（称浇口盆）。

直浇道是连接外浇口与横浇道的垂直通道。改变直浇道的高度可以改变金属液的流动速度，从而改变液态金属的充型能力。

横浇道是将直浇道的金属液引入内浇道的水平通道，一般开在砂型的分型面上。横浇道的主要作用是分配金属液进入内浇道和隔渣。

内浇道直接与型腔相连，它能调节金属液流入型腔的方向和速度，调节铸件各部分的冷却速度。

浇注系统的类型很多，最常用的为顶注式，如图 1.1.3 所示。

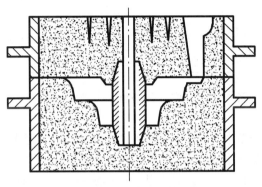

图 1.1.3　顶注式浇注系统

顶注式浇注系统的优点是易于充满型腔，型腔中金属的温度自下而上递增，因而补缩作用好，简单易做，节省金属，但对铸型冲击较大，有可能造成冲砂、飞溅和加剧金属的氧化。所以这类浇注系统多用于重量小、高度低和形状简单的铸件。

5. 铸型的组成和作用

铸型用于浇注金属液，以获得形状、尺寸和质量符合要求的铸件。以最常用的两箱砂型造型为例（见图 1.1.4），它主要由上砂型、下砂型、浇注系统、型腔、型芯和出气孔组成，如图 1.1.4 所示。上、下砂型之间的接触面称为分型面，它们的作用列于表 1.1.1。

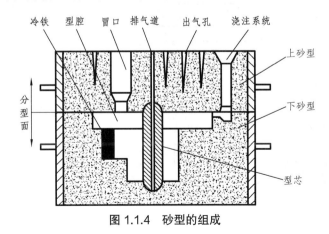

图 1.1.4　砂型的组成

表 1.1.1　铸型各组成部分的作用

组元名称	作　用
砂　箱	造型时填充型砂的容器，分上、中、下砂箱
铸　型	通过造型获得具有型腔的工艺组元，分上、中、下等铸型
分型面	各铸型组元间的结合面，每一对铸型间都有一个分型面
浇注系统	金属液流入型腔的通道
冒　口	供补缩铸件用的铸型空腔，有些还起观察、排气和集渣的作用
型　腔	铸型中由造型材料所包围的空腔部分，也是形成铸件的主要空间
型　芯	为获得铸件内腔或局部外形，用芯砂制成安放在铸型内部的组元
出气孔	在铸型或型芯上，用针扎出的出气孔，用以排气
出气口	为排除浇注时形成的气体而在铸型或型芯中设置的沟槽或孔道
冷　铁	为加快铸件局部冷却而在铸型、型芯中安放的金属物

分型面是指上型和下型之间的结合面。在铸造工艺图上，分型面用细直线和箭头表示，并注明"上、下"字样。

分型面决定了铸件在铸型中的位置，直接关系到模样结构、铸造工艺和铸件质量等，所以，合理选择分型面是一个重要而复杂的问题，总的原则是要使起模方便，并有利于保证铸件质量。分型面可以是平面、斜面和曲面，为方便造型，分型面最好采用平面。分型面必须设在铸件的最大水平截面处，否则难以起模。为简化工艺，保证铸件质量，分型面应尽量少，最好是一个。

6. 常用手工造型工具

实际生产中，由于铸件的大小、形状、材料、批量和生产条件不同，需要采用不同的造型方法。造型可分为手工造型和机器造型两种，本章仅介绍手工造型。

造型时，为了便于舂砂、翻砂、搬运砂型以及增加砂型承受金属熔液压力的能力，通常需要砂箱。手工造型时，还需要应用一些造型工具，常用的手工造型工具及其作用如图 1.1.5 所示。

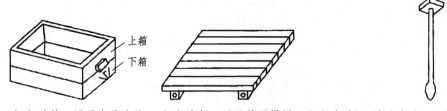

（a）砂箱：用于支承砂型　　（b）底板：用于放置模样　　（c）舂砂锤：尖头舂砂，平头打紧砂箱顶部的砂

（d）手风箱：吹去型腔中的散砂　　（e）浇口棒　　（f）通气针　　（g）起模针

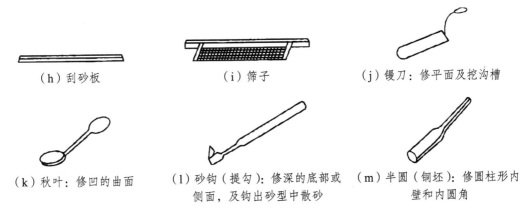

（h）刮砂板　　　　　　　（i）筛子　　　　　　　（j）镘刀：修平面及挖沟槽

（k）秋叶：修凹的曲面　　（l）砂钩（提勾）：修深的底部或　　（m）半圆（铜坯）：修圆柱形内
　　　　　　　　　　　　　　　　侧面，及钩出砂型中散砂　　　　　　壁和内圆角

图 1.1.5　常用的手工造型工具及其作用

三、实训示例

根据铸件结构、生产批量和生产条件，可采用不同的手工造型方案，表 1.1.2 为常用手工造型方法的特点和应用范围。

表 1.1.2　常用手工造型方法的特点和应用范围

造型方法	特点			应用范围
	模样结构和分型面	砂箱	操作	
整模造型	整体模，分型面为平面	两个砂箱	简单	较广
分模造型	分开模，分型面多为平面	两到多箱	较简单	回转体铸件
活块造型	模样上有妨碍起模的部分，须做成活块	两到多箱	较费事	各种单件小批、中小件
挖砂造型	整体模，铸件的最大截面不在分型面处，须挖去阻碍起模的型砂才能取出模样，分型面一般为曲面	两到多箱	对技能要求较高、费事	单件小批、中小件
假箱造型	为免去挖砂操作，利用假箱来代替挖砂操作，分型面为曲面	两到多箱	较简单	成批生产的需挖砂件
刮板造型	用与铸件截面相适应的木板代替模样，分型面为平面	两个砂箱	对技能要求较高、费事	大中型轮类、管类单件小批生产
两箱造型	各类模样，分型面为平面或曲面，可机器造型也可手工造型	两个砂箱	简单	较广
三箱造型	铸件中间截面较两端小，使用两箱造型取不出模样，所以必须采用分开模。分型面一般为平面，有两个分型面，不能机器造型	三个砂箱	费事	较广

1. 整模造型

1）整模造型工艺特点

整模造型的模样是一个整体，造型时模样全部在一个砂箱内，分型面是一个平面。这类模样的最大截面在端部，模样截面由大到小，放在一个砂箱内，可以一次从砂型中取出，造型比较方便。

2）整模造型操作过程示例（见图 1.1.6）

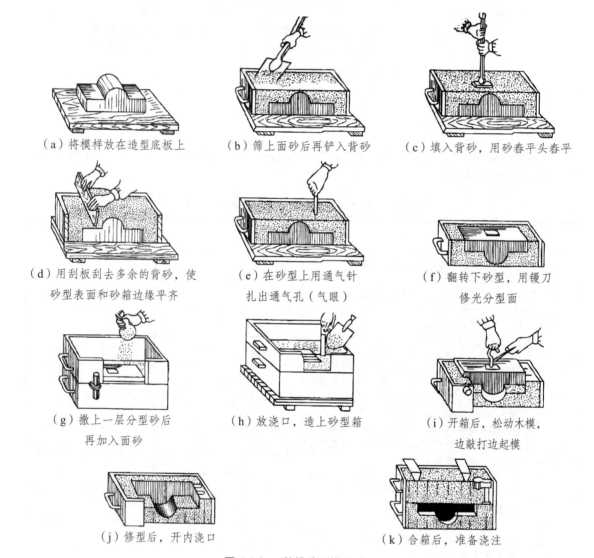

（a）将模样放在造型底板上　　（b）筛上面砂后再铲入背砂　　（c）填入背砂，用砂舂平头舂平

（d）用刮板刮去多余的背砂，使　　（e）在砂型上用通气针　　（f）翻转下砂型，用镘刀
　　砂型表面和砂箱边缘平齐　　　　扎出通气孔（气眼）　　　修光分型面

（g）撒上一层分型砂后　　（h）放浇口，造上砂型箱　　（i）开箱后，松动木模，
　　再加入面砂　　　　　　　　　　　　　　　　　　　　边敲打边起模

（j）修型后，开内浇口　　　　　　（k）合箱后，准备浇注

图 1.1.6　整模造型操作过程

2. 分模造型

1）分模造型工艺特点

分模造型是将模样从其最大截面处分开，并以此面作为分型面，造型时将模样分别放在上、下砂

·6·

箱内，这类零件的最大截面不在端部。分模造型操作简单，适用于生产各种批量的管子、阀体、曲轴等形状较为复杂的铸件。造型时，要注意模样上下两半是否严密、易开合，模样的定位销是否牢固可靠。

2）分模造型操作过程示例（见图 1.1.7）

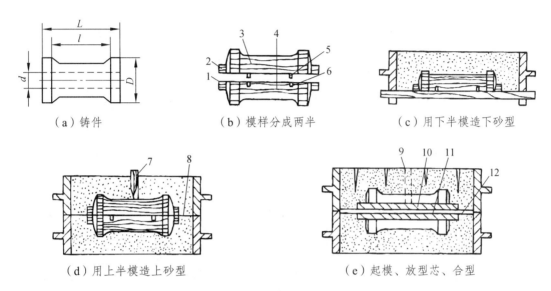

（a）铸件　　　　　（b）模样分成两半　　　　　（c）用下半模造下砂型

（d）用上半模造上砂型　　　　　　（e）起模、放型芯、合型

图 1.1.7　分模造型操作过程

1—分模面；2—型芯头；3—上半模；4—下半模；5—销钉；6—销孔；7—直浇道棒；8—分型面；
9—浇注系统；10—型芯；11—型芯通气孔；12—排气道

3. 挖砂造型

1）挖砂造型工艺特点

有些铸件的分型面是一个曲面，起模时覆盖在模样上面的型砂会阻碍模样的起出，必须将覆盖其上的砂挖去才能正常起模，采用这种方法造型称为挖砂造型。挖砂造型生产效率很低，对操作人员的技术水平要求较高，只适用于单件小批生产的小型铸件。

2）挖砂造型操作过程示例（见图 1.1.8）

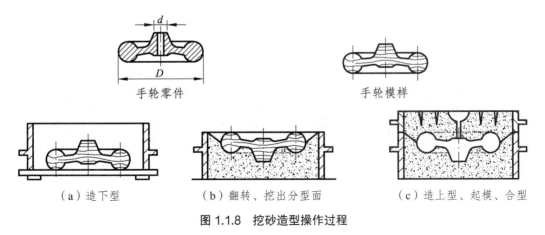

手轮零件　　　　　　　　　　　　手轮模样

（a）造下型　　　　　（b）翻转、挖出分型面　　　　　（c）造上型、起模、合型

图 1.1.8　挖砂造型操作过程

挖砂造型时将妨碍起模的那部分型砂挖去，并将挖砂面修光，使挖去的那部分砂型在造上砂型中形成。挖砂造型除了在制造下砂型时多一个挖砂操作工序，使其上砂型的分型面多出吊砂部分外，其他基本与整模造型相同。

3）挖砂造型时应注意的几个问题

（1）挖砂时，所挖的曲线分型面的投影一定是最大的投影面，否则不能起模，失去了挖砂造型的意义。

（2）分型面应修整光滑平整，挖砂部位的坡度应适当。

（3）由于分型面是一个曲面，在上砂型形成吊砂，所以在开型和合型时应特别仔细，避免损坏型腔。

4. 活块造型

1）活块造型的工艺特点

活块造型是将整体模样或芯盒侧面的伸出部分做成活块，起模或脱芯后，再将活块取出的造型方法，如图 1.1.9 所示。活块用销子或燕尾榫与模样主体连接。造型时应特别细心，春砂时要防止春坏活块或将其位置移动，起模时要用适当的方法从型腔侧壁取出活块。活块造型操作难度较大，取出活块要花费工时，活块部分的砂型损坏后修补较困难，故生产效率低，且要求操作人员的操作水平高。活块造型只适用于单件小批量生产。

2）活块造型操作过程示例（见图 1.1.9）

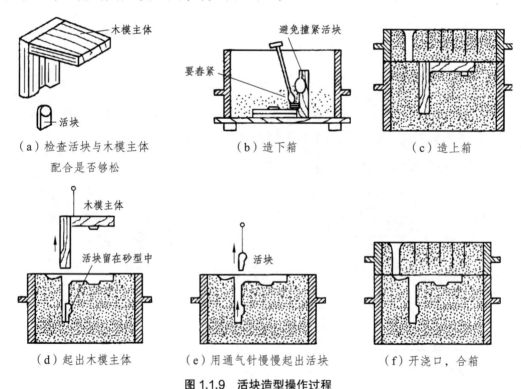

图 1.1.9 活块造型操作过程

5. 造型芯

型芯主要作用是形成铸件的内腔，有时亦可用型芯形成铸件的外形。浇注时由于型砂受到液体金属的冲击，浇注后型芯的大部分被液体金属包围，因此要求芯砂比型砂具有更好的综合性能。为了加强型芯的强度，在型芯中要放置芯骨，小型芯骨用钢丝制成，大、中型芯骨用铸铁制成。制芯的方法分手工制芯和机器制芯两大类。

第二节　消失模铸造

一、实训目的

（1）了解消失模铸造的原理；
（2）学会运用各种工具制造泡沫模具；
（3）掌握运用消失模进行铸造生产。

二、实训准备知识

1. 消失模铸造原理及特点

消失模铸造又称气化模铸造或实型铸造。它是采用泡沫塑料模样代替普通模样紧实造型，造好铸型后不取出模样、直接浇注金属液，在高温金属液的作用下，模样受热气化、燃烧而消失，金属液取代原来泡沫塑料模样占据的空间位置，冷却凝固后即获得所需的铸件。

与砂型铸造相比，消失模铸造方法有以下主要特点：

（1）铸造尺寸精度高、表面粗糙度低。因铸型紧实后不用起模、分型，没有铸造斜度和活块，取消了砂芯，因此避免了普通砂型铸件尺寸误差和错箱等缺陷；同时由于泡沫塑料的表面粗糙度较低，故消失模的铸件的表面粗糙度也较低。

（2）增大了铸件结构设计的自由度。消失模铸造由于没有分型面，也不存在下芯、起模等问题，许多在普通砂型铸造中难以铸造的结构在消失模铸造中不存在任何问题。

（3）简化铸造生产工序，提高劳动生产率，容易实现清洁生产。消失模铸造不用砂芯，省去了芯盒制造、芯砂配制、砂芯制造等工序；型砂不需要黏结，铸件落砂及砂处理系统简单；同时劳动强度降低、环境改善。

2. 消失模模样的制造

消失模铸造每生产一个铸件，都必须要消耗一个泡沫模样。消失模模样通常采用两种方法制造：一种是商品泡沫塑料珠预发后，经金属模具发泡成形，主要适用于大批量生产。另外一种是采用商品塑料泡沫板经切削加工后黏结成形，适合于单件生产。无论是哪一种成形方法，模样材料及其性能对成形后铸件的质量都有重要影响。因此用于制作消失模模样的泡沫材料必须满足以下条件：

（1）密度低，强度高；

（2）易气化，高温分解的残留物少；

（3）易成形，能获得表面光洁的模样。

大批量生产时，只要将模具安装到制作消失模的机械上，按照工艺要求就可以实现快速大批量生产。而单件生产时就需要我们自己动手对泡沫板进行切割造型，切割泡沫板时可以使用热切割泡沫台、热切割刀、电热雕刻笔等工具，如图 1.2.1 所示。最后将各部分黏结组合就可以得到所需要的模样了。组装黏结，具体操作时应注意以下问题：

（1）模样黏结时，一定要注意保证整体模样的形状和尺寸精度；

（2）防止黏结干燥后模块的反弹变形；

（3）防止黏结表面出现孔洞和缝隙，若出现应及时修补；

（4）黏结涂层应尽量薄而均匀。

  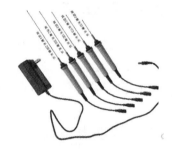

图 1.2.1　热切割工具

3. 消失模铸造用涂料

泡沫塑料模样及其浇注系统组装成形后应上涂料。涂料在消失模铸造工艺中具有非常重要的控制作用：涂层将金属液与干砂隔离，可防止冲砂、黏砂等缺陷；浇注冲型时涂层将模样的热解产物气体快速导出，可防止浇不足、气孔、夹渣、增碳等缺陷产生；涂层可提高模样的强度和刚度，使模样能经受住填砂、紧实、抽真空等过程中力的作用，避免模样变形。

为了获得高质量的铸件，涂料应具有如下性能：良好的透气性；较好的涂挂性；足够的强度；发气量小；低温干燥速度快。

消失模铸造涂料与普通砂型组成相似，主要由耐火填料、分散介质、黏结剂、悬浮剂及改善某些特殊技能的附加物组成。但消失模铸件的质量和表面粗糙度在很大程度上依赖于涂料的质量。因此，虽然目前有若干种消失模铸造涂料可供选用，但开发适于消失模铸造的优质涂料仍是一项重要任务。

4. 消失模铸造工艺

干砂消失模铸造工艺通常是：加入一层底砂后，将覆有涂料的泡沫模样放入砂型内，边加砂边震动紧实直至砂箱的顶部；砂的填充和紧实是得到优质铸件的重要工序。砂子的加入速度必须与砂子紧实过程相匹配。震动紧实应在加砂过程中进行，以便砂子充入模型空腔，并保证砂子达到足够的紧实度而又不发生变形。

浇注时要采用快速浇注的工艺，消失模铸造浇注系统尺寸比常规铸造的浇注系统尺寸大，生产经验表明，消失模铸造工艺的浇注系统的截面积比砂型铸造约大一倍，主要原因是金属液与模样之间的气隙太大，充型浇注速度太慢有造成塌箱的危险。

5. 消失模铸造浇注系统的设计

消失模铸造浇注系统的基本特点是"快速浇注、平稳充型"。由于泡沫塑料模样的存在，与普通砂型铸造相比，消失模铸造工艺的浇注系统具有如下特征。

（1）常采用封闭式浇注系统。其特点是流量控制的最小截面处于浇注系统的末端，浇注时直浇道内的泡沫塑料迅速气化，并在很短的时间内被液体金属充满，浇注系统内易建立起一定的静压力，使金属液呈层流状填充，可以避免充型过程中金属液的搅动与喷溅。浇注系统各单元截面面积比例一般为：

对于黑色金属铸件，$S_直 : S_横 : S_内 =$（2.2～1.6）：（1.25～1.2）：1

对于有色金属铸件，$S_直 : S_横 : S_内 =$（2.7～1.8）：（1.30～1.2）：1

（2）常采用底铸式浇注系统。与普通铸造方法相同，金属液浇入消失模内的方式，主要有顶注式、底注式、侧注式和阶梯式四种。由于底注式浇注系统的金属液流动充型平稳、不易氧化、无激溅、有利于排气浮渣等，较符合消失模铸造的工艺特点，故底注式浇注系统在消失模铸造中采用较多。

设计消失模浇注系统时，应考虑以下基本原则：① 内浇道与横浇道的夹角应在同一平面，以保证浇注时内浇道同时充型；② 浇注系统引导金属液流入铸型型腔，同时让模样气化的残留物逸出；③ 在上涂料、填砂及震实过程中，浇注系统常被用作支撑和搬运模样，因此必须具有足够的强度以便于操作；④ 铸造后，浇注系统要易于清除。

第三节　熔炼浇注及铸造缺陷分析

一、实训目的

（1）了解冲天炉的构造及各部分的作用；
（2）了解冲天炉的工作原理及基本操作方法；
（3）能对铸件进行质量检验和缺陷分析。

二、实训准备知识

熔炼是铸造生产的基本环节，它直接影响铸件质量、生产效率和生产成本。用于铸造的合金有铸铁、铸钢、铜合金和铝合金等。为了生产高质量的铸件，首先要求熔炼出合格的金属液，熔炼铸造合金应满足：金属液温度足够高；金属液的化学成分应符合要求；熔化效率高，燃烧消耗小。大多数工厂熔炼铸铁是用冲天炉，也可以用工频电炉。冲天炉结构简单，操作方便，燃烧效率较高，消耗少，应用广泛。

1. 冲天炉的构造

冲天炉的构造如图 1.3.1 所示。

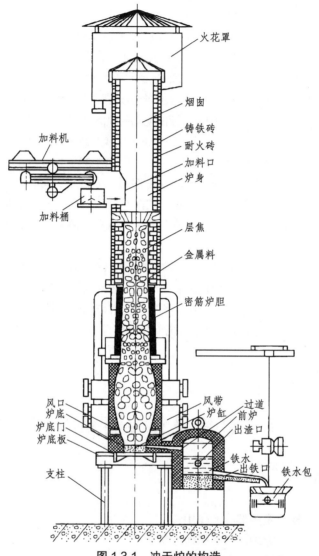

图 1.3.1　冲天炉的构造

（1）后炉是冲天炉的主体部分，包括炉身、烟囱、火花罩、加料口、炉底、支柱和过道等部分。它主要的作用是完成炉料的预热、熔化和过热铁水。

（2）前炉起储存铁水的作用，上面有出铁口、出渣口和窥视口。

（3）加料系统包括加料吊车、送料机和加料桶。它的作用是使炉料按一定配比和分量，按次序分批从加料口中送进炉内。

（4）送风系统包括鼓风机、风管、风带和风口。它的作用是把空气送到炉内，使焦炭充分燃烧。

（5）检测系统包括风量计和风压计。

2. 备　料

冲天炉的炉料由铁矿石或废铁、燃料（焦炭）和熔剂（石灰石）组成。废铁包括回炉料、废旧铸件、浇注系统及冒口、废钢和铁合金（硅铁、锰铁）。

3. 冲天炉的熔化原理

焦炭燃烧，高温炉气上升，金属料和熔剂下行。在两者的相对流动中，进行热能传递和冶金反应，达到熔炼目的。冶金反应主要是还原成铁和增碳过程。

4. 浇注、落砂、清理

浇注是保证铸件质量的重要环节之一，据统计，铸造生产中，因浇注原因导致报废的铸件，占报废件总数的 20% ~ 30%。因此，浇注过程中必须严格控制浇注温度和浇注速度。

1）浇　注

① 扒渣。即清除金属液表面熔渣，以免熔渣进入型腔，产生夹杂等缺陷。扒渣操作要迅速，以免扒渣时间过长，导致金属液温度下降。

② 引火。在出气冒口和出气孔处，引火燃烧，促使气体快速排出，减少铸件气孔等。

③ 将浇包口或底注口靠近浇口杯，在开始浇注时和将近结束时都应以细流状注入。

④ 在浇满的浇冒口上面加盖干砂、稻草灰，既可以阻止光辐射，又可保温。

⑤ 当铸件凝固后进入固态收缩阶段时，应及时卸去压铁，使铸件自由收缩，阻止铸件产生变形或裂纹等缺陷。

2）铸件落砂

将铸件从砂型中取出来称为落砂。落砂时应注意铸件的温度。温度太高时落砂，会使铸件急冷而产生白口、变形和裂纹。落砂过晚，会造成铸件晶粒粗大，导致固态收缩受阻而产生铸造压力和冷裂，因此应在保证铸件质量的前提下尽早落砂。铸件在砂型中合适的停留时间与铸件形状、大小、壁厚等有关，一般铸件在 400 ~ 500 ℃ 时落砂。落砂的方法有手工落砂和机械落砂两种。在大量生产中一般用落砂机进行落砂。

3）铸件清理

落砂后的铸件必须经过清理工序，才能使铸件外表面达到要求。清理工作主要包括：

① 去除浇冒口。对灰铸铁小件，一般直接用锤子敲击去除浇冒口；对于大型铸件，要先在浇冒口根部锯槽，再用重锤敲击；对有色金属和铸钢等韧性材料铸件，可采用锯割、气割或等离子弧切割冒口。

② 清砂。清砂是指清除铸件表面的黏砂和内部芯砂，有手工清砂、水力清砂和水爆清砂等多种方法。

③ 铸件修整。用圆铲和砂轮清除铸件上的飞边毛刺和浇口根之后，用清理滚筒或抛丸处理修整铸件表面。

④ 用高温退火和清除内应力退火的方式对铸件进行热处理。

5. 铸件的质量检验与缺陷分析

铸件质量包括内在质量和外观质量。内在质量包括化学成分、物理和力学性能、金相组织以及存在于铸件内部的孔洞、裂纹、夹杂物等缺陷；外观质量包括铸件的尺寸精度、形状精度、位置精度、表面粗糙度、质量偏差及表面缺陷等。铸件质量好坏，关系到产品的质量及生产成本，也直接关系到经济效益和社会效益。铸件结构、原材料、铸造工艺过程及管理状况等均对铸件质量有影响。表 1.3.1 为常见铸件缺陷分析。

表 1.3.1　常见铸件缺陷分析

缺陷名称	产生的主要原因	缺陷名称	产生的主要原因
气孔	1. 舂砂太紧或造型起模时刷水过多； 2. 型砂含水过多或透气性差； 3. 型砂芯砂未烘干或芯通气孔阻塞； 4. 金属液温度过低或浇注速度过快	裂纹	1. 铸件设计不合理，厚薄相差太大； 2. 浇注温度太高，冷却不均匀； 3. 浇口位置不当； 4. 舂砂太紧或落砂过早
缩孔	1. 铸件设计不合理； 2. 浇冒口布置不合理或冒口太小，或冷却位置不对； 3. 浇注温度太高或金属液成分不对，收缩太大	错箱	1. 合型时上下箱未对准； 2. 砂箱的配箱标线或定位销不准确； 3. 分模时上下模未对准
砂眼	1. 造型时散砂落入型腔内未吹干净； 2. 型砂强度不够或舂砂太松； 3. 内浇道不合理，金属液冲坏砂型； 4. 合型时局部碰坏砂型	冷隔	1. 浇注温度太低、速度太慢或中断； 2. 浇口太小或位置不对； 3. 铸件设计不合理
		浇不够	1. 浇注温度太低、速度太慢或中断； 2. 浇口太小或未开出气口； 3. 铸件太薄

三、实训示例——冲天炉的基本操作方法

冲天炉是间歇工作的，每次连续熔化时间为 4～8 h，具体操作过程如下。

（1）备料：炉料的质量及块度大小对熔化质量有很大影响，应按照炉料配比及铁水质量的要求来准备各种炉料。

（2）修炉：每次装料前用耐火材料将炉内损坏处修好。

（3）烘干：点火修炉后，应烘干炉壁，再加入刨花、木柴并点燃。

（4）加底焦：木柴烧旺后分批加入底焦，底焦的高度对熔化速度和铁水温度有很大的影响，一般到高出风口 0.6～1 m 处为宜。

（5）加炉料：底焦烧旺后，先加一批熔剂，再按金属炉料、燃料、熔剂顺序一批批地向炉内加料至料口为止。

（6）熔化：待炉料预热 15～30 min 后，鼓风 5～10 min，金属炉料便开始熔化，形成铁水，同时也形成熔渣。

（7）排渣与出铁：前炉中的铁水聚集到一定容量后，便可定时排渣与出铁。

（8）打炉：估计炉内铁水量够用时，即停止加料，停止鼓风，等最后一批铁水浇完，即可打开炉底门，将炉内的剩余炉料熄灭并用小车清运干净。

第二章 焊 接

第一节 手工电弧焊

一、实训目的

（1）了解焊接的分类方法；

（2）了解焊条电弧焊机的工作原理；

（3）了解焊条的成分及选用方法；

（4）掌握手工电弧焊操作技术。

二、实训准备知识

1. 焊接基础知识

焊接是通过加热或加压，或两者并用，并且用或不用填充材料，使焊件达到原子结合的一种加工方法。与机械连接、黏结等其他连接方法相比，焊接具有质量可靠（如气密性好）、生产效率高、成本低、工艺性好等优点。

焊接已成为制造金属结构和机器零件的一种基本工艺方法。如船体、锅炉、高压容器、车厢、家用电器和建筑构架等都是用焊接方法制造的。此外，焊接还可以用来修补铸件、锻件的缺陷和磨损了的机器零件、部件。

2. 焊接的分类

焊接的方法很多，按焊接物理过程的特点不同，焊接方法分为熔焊、压焊和钎焊三大类。基本焊接方法及其分类如图 2.1.1 所示。

（1）熔焊是将焊件连接处局部加热到熔化状态，然后冷却凝固成一体，不加压力完成焊接。

（2）压焊是在焊接过程中必须对焊件施加压力（加热或不加热）完成焊接的方法。

（3）钎焊是采用低熔点的填充金属（称为钎料）熔化后，与固态焊件金属相互扩散形成原子间结合而实现连接的方法。

本节主要讲述焊条电弧焊的焊接工艺及操作方法。

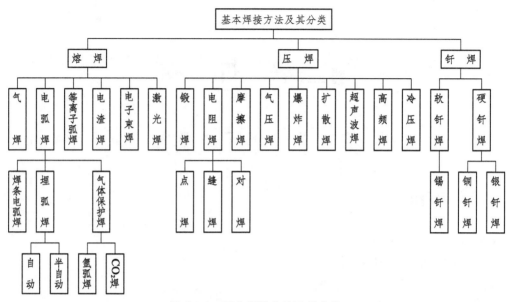

图 2.1.1　基本焊接方法及其分类

3. 焊条电弧焊焊缝的成形过程

手弧焊是手工操纵焊条进行焊接的电弧焊方法。手弧焊所用的设备简单，操作方便、灵活，所以应用极广。

焊接前，将焊钳和焊件分别接到电焊机输出端的两极，并用焊钳夹持焊条，如图 2.1.2 所示。焊接时，利用焊条与焊件间产生的高温电弧作热源，使焊件接头处的金属和焊条端部迅速熔化，形成金属熔池。当焊条向前移动时，随着新的熔池不断产生，原先的熔池不断冷却、凝固，形成焊缝，从而使两分离的焊件焊成一体。

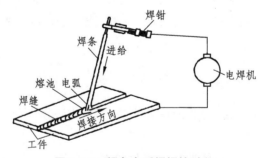

图 2.1.2　焊条电弧焊焊接过程

4. 焊条电弧焊设备

1）交流弧焊机

交流弧焊机又称弧焊变压器，也即交流弧焊电源，用以将电网的交流电变成适宜于弧焊的交流电。常见的型号有：BX1-300、BX3-300。其中 B 表示弧焊变压器，X 为下降特性电源，1 为动铁芯式，3 为动线圈式，300 为额定电流的安培数。图 2.1.3 为 BX3-300 型交流弧焊机。

2）直流弧焊机

直流弧焊机是一种优良的电弧焊电源，现被大量使用。它由大功率整流元件组成整流器，将电流由交流变为直流，供焊接使用。整流式直流弧焊机的型号含义：如 ZXG-500，其中，Z 为整流弧焊电源，X 为下降特性电源，G 为硅整流式，500 为额定电流的安培数。图 2.1.4 所示为整流式直流弧焊机。

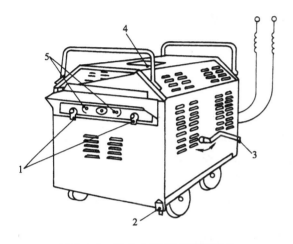

图 2.1.3 BX3-300 型交流弧焊机
1—焊接电源两极；2—接地螺钉；3—调节手柄（细调电流）；
4—电流指示盘；5—线圈抽头（粗调电流）

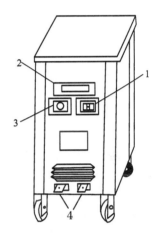

图 2.1.4 整流式直流弧焊机
1—电流开关；2—电流指示盘；
3—电流调节盘

3）弧焊机的主要技术参数

① 初级电压：弧焊所要求的电源电压。一般交流弧焊机的初级电压为 220 V 或 380 V，直流弧焊机的初级电压为 380 V。

② 空载电压：弧焊机在未焊接时的输出电压。一般交流弧焊机的空载电压为 60～80 V，直流弧焊机的空载电压为 50～90 V。

③ 工作电压：弧焊机在焊接时的输出电压，一般弧焊机的工作电压为 20～40 V。

④ 输入容量：输入到弧焊机的电流与电压的乘积，它表示弧焊变压器传递电功率的能力。

⑤ 电流调节范围：弧焊机在正常工作时可提供的焊接电流范围。按弧焊机的结构不同，调节弧焊机的焊接电流分为粗调节和细调节两步进行。

⑥ 负载持续率：5 min 内有焊接电流的时间所占的平均百分数。

4）焊条电弧焊的工具

进行焊条电弧焊时必需的工具有夹持焊条的焊钳，保护操作者的皮肤、眼睛免于灼伤的手套和面罩，清除焊缝表面渣壳用的清渣锤和钢丝刷等。图 2.1.5 所示是焊钳与面罩的外形图。

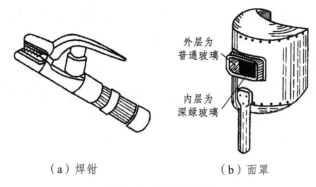

外层为
普通玻璃

内层为
深绿玻璃

（a）焊钳 （b）面罩

图 2.1.5　焊钳与面罩

5. 焊 条

焊条是涂有药皮的供手弧焊用的熔化电极。

1）焊条成分和各部分作用

焊条由焊芯和药皮两部分组成。焊芯是焊条内的金属丝，在焊接过程中起到电极、产生电弧和熔化后填充焊缝的作用。为保证焊缝金属具有良好的塑性、韧性和减少产生裂纹的倾向，焊芯必须选用经过专门冶炼的低碳、低硅、低磷的金属丝制成。

焊条的直径是表示焊条规格的一个主要参数，用焊芯的直径来表示。常用的焊条直径范围为 2.0 ~ 6.0 mm，长度为 300 ~ 400 mm。

药皮是压涂在焊芯表面上的涂料层，由矿石粉、有机物粉、铁合金粉和黏结剂等原料按一定比例配制而成。药皮的主要作用是引弧、稳弧、保护焊缝（不受空气中有害气体侵害）及去除杂质。

2）焊条的种类与型号

焊条按用途不同分为若干类，如碳钢焊条、低合金钢焊条、不锈钢焊条等。碳钢焊条型号是以字母"E"加四位数字组成。"E"表示焊条，前面两位数字表示熔敷金属的最低抗拉强度值。第三位数字表示焊接位置，"0"及"1"表示焊条适用于全位置焊接，"2"表示焊条适用于平焊或角焊，第三位和第四位数字组合时，表示焊接电流种类和药皮类型，"03"表示钛钙型药皮，交直流两用；"05"表示低氢型药皮，只能用直流电源（反接法）焊接。如 E4315 表示熔敷金属的最低抗拉强度为 430 MPa，全位置焊接，低氢钠型药皮，直流反接使用。

焊条按药皮熔渣化学性质分为酸性焊条和碱性焊条两大类。

酸性焊条熔渣中含有大量的酸性氧化物如 SiO_2、TiO_2。酸性焊条能交、直流焊机两用，焊接工艺性能较好，但焊缝的力学性能特别是冲击韧度较差，适用于一般的低碳钢和相应强度等级的低合金钢结构的焊接。

碱性焊条熔渣中含有大量碱性氧化物如 CaO、CaF_2。碱性焊条一般用于直流焊机，只有在药皮中加入较多稳弧剂后，才适于交、直流电源两用。碱性焊条脱硫、脱磷能力强，焊缝金属具有良好的抗裂性和力学性能，特别是冲击韧度很高，但工艺性能差，主要适用于低合金钢、合金钢及承受动载荷的低碳钢重要结构的焊接。

6. 焊条电弧焊工艺

1）焊接接头形式

根据焊件厚度和工作条件的不同，需要采用不同的焊接接头形式。常用的接头形式有对接、搭接、角接和 T 形接几种，如图 2.1.6 所示。对接接头受力比较均匀，是用得最多的一种，重要的受力焊缝应尽量选用对接接头。

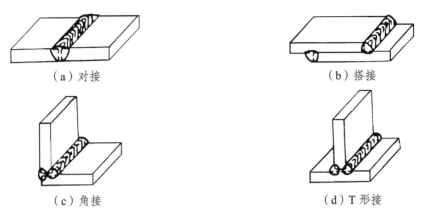

（a）对接　　　　　　　　　　　　　　（b）搭接

（c）角接　　　　　　　　　　　　　　（d）T 形接

图 2.1.6　焊接接头形式

2）坡口形状

坡口的作用是为了保证电弧深入焊缝根部，使根部能焊透，以便清除熔渣，获得较好的焊缝成形和焊接质量。当焊件厚度≤6 mm 时，在焊件接头处只要留有一定间隙就能保证焊透。当焊件厚度>6 mm 时，为了焊透和减少母材熔入熔池中的相对数量，根据设计和工艺需要，在焊件的待焊部位加工成一定几何形状的沟槽，称为坡口。为了防止烧穿，常在坡口根部留有 1～3 mm 的直边，称为钝边。选择坡口形状时，主要考虑下列因素：是否能保证焊缝焊透；坡口形状是否容易加工；应尽可能提高劳动生产率、节省焊条；焊后变形尽可能小等。对接接头坡口形状如图 2.1.7 所示。

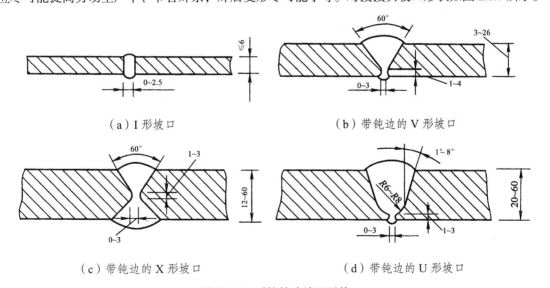

（a）I 形坡口　　　　　　　　　　　　（b）带钝边的 V 形坡口

（c）带钝边的 X 形坡口　　　　　　　　（d）带钝边的 U 形坡口

图 2.1.7　对接接头坡口形状

3）焊接空间位置

按焊缝在空间的位置不同，可分为平焊、立焊、横焊和仰焊，如图 2.1.8 所示。平焊操作方便，劳动强度小，液体金属不会流散，易于保证质量，是最理想的操作空间位置，应尽可能采用。

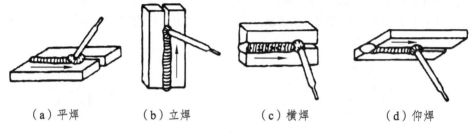

（a）平焊　　　（b）立焊　　　（c）横焊　　　（d）仰焊

图 2.1.8　焊接空间位置

7. 焊接工艺参数及其选择

1）焊条直径

焊条直径的选择，主要取决于焊件的厚度。焊件较厚，则应选较粗的焊条；焊件较薄，则选用较细的焊条。焊条直径还与接头形式和焊接位置有关，如立焊、横焊和仰焊所用的焊条应比平焊的细些，焊条直径的选择可参照表 2.1.1。一般来说，在保证焊接质量的前提下，应尽量选择大直径的焊条，以提高生产效率。

表 2.1.1　焊条直径的选择

焊件厚度（mm）	2	3	4～7	8～12	>12
焊条直径（mm）	1.6、2.0	2.5、3.2	3.2、4.0	4.0、5.0	4.0～5.8

2）焊接电流

焊接电流是指焊接时流经焊接回路的电流。焊接电流的大小对焊接过程影响很大，焊接电流过小会造成焊不透、熔合不良，焊缝中易形成夹渣和气孔等缺陷；电流过大，电弧不稳，焊缝成形差，易出现烧穿等缺陷。焊接电流应根据焊条直径选取。平焊低碳钢时，焊接电流 I 和焊条直径 d 的关系为 $I = (30 \sim 60)d$。

上述求得的焊接电流只是一个初步数值，还要根据焊件厚度、接头形式、焊接位置、种类等因素，通过试焊进行调整。如立焊和仰焊时，焊接电流比平焊时减少 10%～20%；采用酸性焊条时比碱性焊条电流大些。

3）电弧电压

电弧电压是指电弧两端（两极）之间的电压降。电弧电压由电弧长度决定，电弧长，电弧电压高；电弧短，电弧电压低；电弧过长，电弧燃烧不稳定，熔深小，并且容易产生焊接缺陷。因此，焊接时须采用短电弧。一般要求电弧长度不超过焊条直径，多为 2～4 mm。

4）焊接速度

焊接速度是指单位时间内完成的焊缝长度，它对焊缝质量影响很大。焊速过快，焊缝的熔深浅，焊缝宽度小，甚至可能产生夹渣和焊不透的缺陷；焊速过慢，焊缝熔深较深、焊缝宽度增加，特别是薄件易烧穿。手弧焊时，焊接速度由焊工凭经验掌握，一般在保证焊透的情况下，应尽可能提高焊接速度。

三、实训示例

1. 引 弧

常用的引弧方法有直击法和划擦法。

直击引弧时，将焊条末端对准焊件，使焊条轻微碰一下焊件，再迅速将焊条提起 2~4 mm，使电弧保持稳定燃烧，如图 2.1.9（a）所示。这种引弧方法不会使焊件表面划伤，又不受焊件表面大小、形状的限制，是焊接生产中主要采用的引弧方法。

划擦引弧时，先将焊条对准焊件，再将焊条像划火柴似的在焊件表面轻微摩擦，引燃电弧，然后迅速将焊条提起 2~4 mm 并使其稳定燃烧，如图 2.1.9（b）所示。这种方法容易掌握，但容易损坏焊件的表面。

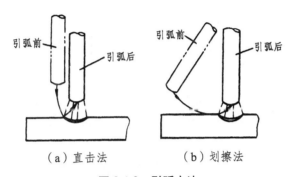

（a）直击法　　　　（b）划擦法

图 2.1.9　引弧方法

注意：引弧时，如果焊条和工件黏结在一起，可将焊条左右摇动后拉开，如拉不开，则要松开焊钳，切断焊接电路，待焊条稍冷后再拉开。短路时间太长，会烧坏电焊机。

2. 运 条

引弧后，首先必须掌握好焊条与焊件之间的角度，并使焊条同时完成图 2.1.10 所示的三个基本动作。

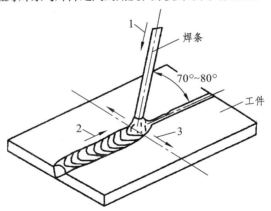

图 2.1.10　焊条的运动

1—向下送进；2—沿焊接方向移动；3—横向摆动

（1）焊条向下送进，以保持一定的弧长。弧长过长，电弧会飘摇不定，引起金属飞溅或熄弧；弧长过短，则容易短路。

（2）焊条沿焊缝方向移动，移动速度过慢，焊缝就会过高、过宽，外形不整齐，甚至烧穿工件；移动过快，则焊缝过窄，甚至焊不透。

（3）焊条沿焊缝横向摆动，以获得一定宽度的焊缝。焊条横向摆动的方法有直线形、锯齿形、月牙形、三角形、圆形等，如图 2.1.11 所示。

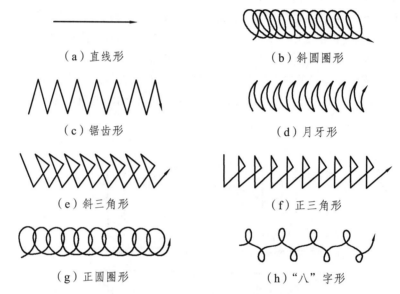

（a）直线形　　　　　　　　　（b）斜圆圈形

（c）锯齿形　　　　　　　　　（d）月牙形

（e）斜三角形　　　　　　　　（f）正三角形

（g）正圆圈形　　　　　　　（h）"八"字形

图 2.1.11　焊条沿焊缝横向摆动的方法

3. 焊缝收尾

焊缝收尾是指焊缝在焊接结束时的方法，常用收尾方法有划圈收尾法和反复断弧收尾法。

划圈收尾法主要用于厚板材料焊接收尾，具体操作是：将焊条做环形摆动，直到弧坑填满为止再拉断电弧，如图 2.1.12 所示。

反复断弧收尾法主要用于薄板材料焊接收尾，具体操作是：将焊条移至焊道终点时，在弧坑上做数次反复熄弧与引弧，直至弧坑填满为止，如图 2.1.13 所示。碱性焊条易产生气孔，不可采用此法。

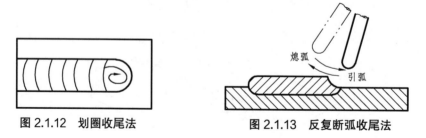

熄弧

引弧

图 2.1.12　划圈收尾法　　　　　**图 2.1.13　反复断弧收尾法**

4. 手工电弧焊焊接步骤

（1）把钢板所要对接面加工成直线，使对接钢板对齐，留有 1～2 mm 的间隙。

（2）对焊机进行通电，在通电之前需检查焊机是否安全。

（3）戴上电焊手套，并用焊钳夹持好焊条。

（4）正确使用电焊面罩，规范地引弧、运条并试焊，选择最佳的电流。

（5）对焊件进行规范的焊接，如焊件较长，可每隔 300 mm 左右点固，除渣后再进行焊接。

（6）焊后清渣，检查焊缝是否有缺陷，有缺陷再进行补焊，完工后切断焊机电源，清扫场地。

第二节　气焊、气割及其他焊接方法

一、实训目的

（1）了解气焊和气割的工作原理及应用范围；

（2）了解气焊和气割的基本操作技术；

（3）了解其他焊接方法的工艺特点及应用范围。

二、实训准备知识

1. 气焊及其应用

气焊和气割是利用可燃性气体和氧气混合燃烧所产生的火焰，来熔化工件与焊丝进行焊接或切割的方法，在金属结构件的生产中被大量应用。

1）气焊工艺特点及基本原理

气焊是利用气体火焰加热并熔化母体材料和焊丝的焊接方法。与电弧焊相比，气焊不需要电源，设备简单；气体火焰温度较低，可以焊接很薄的零件；在焊接铸铁、铝及铝合金、铜及铜合金时焊缝质量好。缺点是热量比较分散，生产效率低，工件变形严重。

气焊主要用于焊接厚度在 3 mm 以下的薄钢板，铜、铝等有色金属及其合金，以及铸铁的补焊等。此外，没有电源的野外作业也常使用会焊。

气焊通常使用的可燃性气体是乙炔（C_2H_2），氧气是气焊中的助燃气体。乙炔用纯氧助燃，与在空气中燃烧相比，能大大提高火焰的温度。乙炔和氧气在焊炬中混合均匀后，从焊嘴喷出燃烧，将工件和焊丝熔化形成熔池，冷凝后形成焊缝。气焊示意图如图 2.2.1 所示。

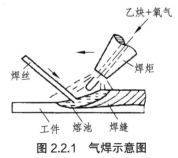

图 2.2.1　气焊示意图

2）气焊设备

气焊设备及其连接方式如图 2.2.2 所示。气焊设备主要包括乙炔瓶、氧气瓶、减压器和焊炬，焊炬如图 2.2.3 所示。

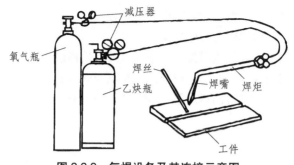

图 2.2.2　气焊设备及其连接示意图

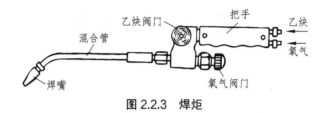

图 2.2.3　焊炬

2. 气割及其应用

1）气割工艺

氧气切割简称气割。它是利用气体火焰的热能将工件切割处预热到一定温度，然后通以高速切割氧流，使金属燃烧并放出热量实现切割的方法。常用氧乙炔焰作为气体火焰进行切割，也称氧乙炔气割。

并非所有的金属都能采用氧气切割，能使用氧气切割的金属必须具备如下条件：

（1）金属的燃点必须低于熔点，这样才能保证金属切割过程是燃烧过程，而不是熔化过程，否则切割时，金属先熔化变为熔割，致使切口过宽且不整齐。高碳钢和铸铁燃点比熔点高，故不宜采用气割。

（2）燃烧生成的氧化物的熔点应低于金属本身的熔点，同时流动性要好，能及时熔化并被吹走，否则就会在割口处形成固态氧化物，阻碍氧气流与下层金属的接触，使切割过程不能正常进行。铝和不锈钢难以切割的原因即在于此。

（3）金属燃烧时能放出大量的热，而且金属本身的导热性要低，以保持足够的预热温度，使切割过程能连续进行。

满足上述条件的纯铁、低碳钢、中碳钢和普通低合金钢均能采用氧气切割；而高碳钢，铸铁，不锈钢，铝、铜及其合金等不宜用氧气切割。

2）气割设备

气割设备与气焊设备基本相同，只需把焊炬换成割炬即可。割炬与焊炬相比，增加了输送氧气的管道和调节阀，割嘴的结构与焊嘴也不相同，割嘴周围有两条通道，周围的一圈是乙炔与氧的混合气体出口，中间为切割氧气的出口，两者互不相通。

3. 其他焊接方法简介

其他常用焊接方法的焊接过程、工艺特点及适用范围见表 2.2.1。

表 2.2.1　常用焊接方法

焊接方法		焊接过程	工艺特点	适用范围
钨极氩弧焊		以高熔点的钍钨棒作电极,利用电弧热熔化金属,氩气经喷嘴进入电弧区将电极、焊件、焊丝端部与空气隔开。因钨的熔点高达3400 ℃,焊接时钨棒基本不熔化,仅起电极导电作用	焊缝金属纯净,焊接过程稳定,明弧操作,可以实现机械化、自动化,焊缝成形好	焊接非铁合金、不锈钢、钛及钛合金等材料的 3 mm 以下薄板
熔化极氩弧焊		用焊丝作电极及填充材料,焊丝与焊件之间产生电弧并不断熔化,形成很狭小的熔滴,以喷射形式进入熔池,与熔化的母材一起形成焊缝	与钨极氩弧焊相比,没有电极烧损问题,焊接电流的范围大大增加,可以焊接中厚板	高合金钢及化学性质活泼的金属如铝、铜、钛、锆及它们的合金等
CO_2 气体保护焊		与熔化极氩弧焊相近,只是通入保护气味 CO_2	成本低,生产率低,焊缝氢含量低,焊接接头的抗裂性好	低碳钢和低合金结构钢
点焊		工件搭接后置于柱状电极间,通电加压,由于工件接触面处电阻较大而迅速加热并局部熔化形成熔核,熔核周围为塑性状态,然后在压力的作用下熔核结晶形成焊点	生产率高,焊接变形小,无须填充金属和焊剂,成本低,操作简单,劳动条件好	4 mm 以下的薄板冲压壳体结构及型钢结构的焊接,尤其是汽车和飞机制造
对焊	电阻对焊	先加预压,使两焊件的端面紧密接触,再通电加热,接触处升温至塑性状态,然后断电同时施加顶锻力,使接触处产生一定的塑性变形而焊合	操作简单,接头外观光滑,毛刺小,但对杆件端面加工和清理要求较高	碳钢、纯铝等端面简单与截面面积小于 $250\ mm^2$ 和强度要求不高的杆件对接
	闪光对焊	接通电源,使焊件端面接触,利用电阻热使接触点迅速熔化,产生闪光,至端面达均匀半熔化状态,并在一定范围内形成一塑性层,而且多次闪光将端面的氧化物清理干净时,断电并加压顶端,挤出熔化层,并产生大量塑性变形而使焊件焊合	工件端面氧化物与杂质会被闪光火花带出或随液体金属挤出,接头中夹杂少,质量高,且焊前对端面清理要求不高	重要杆状件对接

三、气焊和气割基本操作技术

1. 气焊基本操作技术

（1）点火：点火时，先稍微开一点焊炬的氧气阀门，再开大乙炔阀门，然后可立即点燃焊嘴火焰，此时火焰为碳化焰。

（2）调节火焰：根据焊接材料厚度确定采用乙炔焰，再开大氧气阀门，火焰开始变短，淡白色的中间层逐渐向白亮色焰心靠拢，当调到刚好要重合还没有重合时，这时的火焰为中性焰。

（3）焊接：分左焊法与右焊法两种。左焊法应用最普遍，气焊时右手握焊炬，左手拿焊丝，焊嘴沿焊缝自然倾斜，先使焊件熔化形成熔池，然后将焊丝熔化滴入熔池。要保持熔池一定大小，当熔池大时，说明热量高，应提起焊嘴或减小倾角来改变火焰。

2. 气割基本操作技术

（1）气割前的准备：先将割件表面切口两侧 30～50 mm 内的铁锈、油污清理干净，并在割件下面用耐火砖垫空，以便排放熔渣。不能把割件直接放在水泥地上气割。

（2）点火：点火并将火焰调整为中性焰；打开切割氧开关，增大氧气流量，使切割氧流的形状为笔直而清晰的圆柱体并有适当长度；关闭切割氧开关，准备起割。

（3）气割：气割时双脚成"八"字形蹲在割件一旁，右手握住割炬手把，并以右手的拇指和食指把住预热氧调节阀，以便调整预热火焰和发生回火时及时切断预热氧气；左手的拇指和食指把住切割氧的调节阀，其余三指平稳地托住混合气管，以便掌握方向。气割开始时，首先预热割件边缘至亮红色达到燃点，再将火焰略微移动到边缘以外，同时慢慢打开切割氧开关，当看到熔渣被氧气流吹掉时，应开大切割氧调节阀，待听到割件下面发出"噗、噗"的声音表明已被割透。此时可按一定速度向前切割。

（4）停割：切割临近终点时，割嘴应朝切割相反的方向倾斜一些，以利于割件下部提前割透，使割缝收尾处比较整齐。切割结束时，应迅速关闭切割氧调节阀，并抬起割炬，再关闭乙炔调节阀，最后关闭预热氧调节阀。

第三章　钳　工

第一节　钳工应用及划线

一、实训目的

（1）了解钳工的基本概念及特点；

（2）了解钳工常用的设备及钳工的应用范围；

（3）了解划线的工具、量具；

（4）掌握划线方法。

二、实训准备知识

1. 钳工基本概念及特点

钳工是以手工操作为主，使用工具来完成零件的加工、装配和修理工作，其基本操作有划线、錾削、锯削、锉削、刮削、研磨、钻孔、扩孔、铰孔、锪孔、攻螺纹、套螺纹等。

钳工技术工艺比较复杂、加工程序细致，具有"万能"和灵活的优势，可以完成机械加工不方便或无法完成的工作，所以在机械制造中仍起着十分重要的作用。目前，虽然有各种先进的加工方法，但很多工作仍然需要钳工来完成。钳工根据其加工内容的不同，又有普通钳工、工具钳工、模具钳工和机修钳工等。随着机械工业的发展，钳工操作也将不断提高机械化程度，以减轻劳动强度和提高劳动生产率。

2. 钳工工艺范围

（1）进行修配及小批量零件的加工。

（2）精度较高的样板及模具的制作。

（3）整机产品的装配及调试。

（4）机器设备使用中的调试和维修。

3. 钳工常用的设备

1）钳　台

钳台也称工作台，如图 3.1.1 所示。钳台的高度一般为 800～900 mm，长度和宽度随工作需要而定。钳台要有足够的稳定性，工作台上安装台虎钳，台虎钳钳口上表面与操作者的手肘齐平为宜。

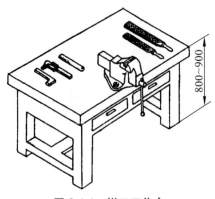

图 3.1.1 钳工工作台

2）台虎钳

台虎钳是用来夹持工件的通用夹具，其规格用钳口宽度来表示，常用规格有 100 mm、125 mm 和 150 mm 等。

台虎钳有固定式和回转式两种，如图 3.1.2 所示。两者的主要结构和工作原理基本相同，其不同点是回转式台虎钳比固定式台虎钳多了一个底座，钳身可在底座上回转，根据工作需要选定适当的位置，因此，使用方便、应用范围广，可满足不同方位的加工需要。

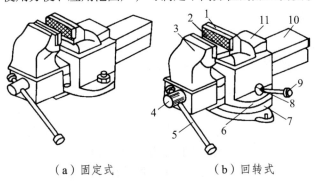

（a）固定式　　　　　　（b）回转式

图 3.1.2 台虎钳

1—固定钳身；2—钳口；3—活动钳身；4—丝杠；5—夹紧手柄；6—转盘座；7—底座；
8—紧固螺钉；9—紧固手柄；10—导轨；11—砧座

使用台虎钳时应注意以下事项：

（1）夹紧工件时要松紧适当，只能用手扳紧手柄，不得借助其他工具加力。

（2）工件尽量夹持在钳口中部，使钳口受力均衡，夹持工件稳固可靠。

（3）不许在活动钳身的导向平面上进行敲击作业。

（4）强力作业时，应尽量使力量朝向固定钳身。

（5）台虎钳应保持清洁，并注意润滑和防锈。

4. 划线的作用及种类

1）划线的作用

划线是切削加工工艺过程的重要工序，工件坯料或半成品加工时，常凭借划线作为加工或校正尺寸和相对位置的依据，划线的精确性直接关系着零件的加工质量和生产效率。因此，划线前，必须仔细分析零件图的技术要求和工艺过程，合理地确定划线位置的分布、划线的步骤和方法，划出的每一根线，应正确、清晰，防止划错。

划线也可检查坯件是否合格，对合格的坯件定出加工位置，标明加工余量；对有缺陷尚可补救的坯件，采用划线借料法，特定地分配加工余量，以加工出合格的零件。

2）划线的种类

划线作业可分为两种：在工件的一个表面上划线，称为平面划线；在毛坯或工件的几个表面上划线，称为立体划线。

5. 划线工具及其使用

1）划线平板

划线平板也称划线平台，如图 3.1.3 所示，用铸铁制成，工作表面经精刨和刮削（表面粗糙度一般为 Ra3.2 ～ 1.6 μm），作为划线时放置工件的基准，工作表面应处于水平状态。划线平台要经常保持清洁，不得用硬质的工件或工具敲击工作面。在较大毛坯工件上划线时，要先用木板或枕木将工件垫起，以防碰伤平台工作面，影响其平面度及划线质量。

图 3.1.3　划线平板

2）划　针

划针是用于在工件表面沿着钢板尺、直尺、角尺或样板划线的工具，常用的划针是用 $\phi3$ ～ $\phi4$ mm 的弹簧钢制成的，其端部可焊接硬质合金针尖。弯头划针是用在直划针划不到的地方。划针及其使用方法如图 3.1.4 所示。

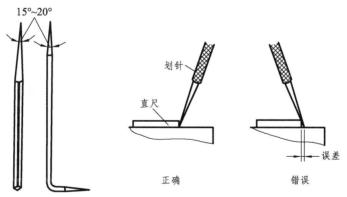

图 3.1.4　划针及其使用方法

3）划　规

划规用中、高碳钢制成，双脚尖端淬火硬化，主要用来划圆、等分圆弧、等分角、等分线段等，用法和圆规类似（见图 3.1.5）。使用时划规的两脚尖应保持尖端长短磨得一致，划规基本垂直于划线平面，作为旋转中心的一脚应加以较大的压力，以避免中心滑动。

图 3.1.5　划规及其使用方法

4）样　冲

样冲用来在工件的划线上打出样冲眼，以备划线模糊后仍能找到原线位置。使用时，先将样冲外倾，使尖端对准线的正中，然后再将样冲立直冲点，如图 3.1.6 所示。

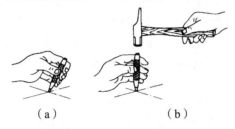

（a）　　　　　　　（b）

图 3.1.6　样冲的使用方法

5）常用划线量具

常用划线量具有钢直尺、90°角尺、游标卡尺、游标高度尺等，如图 3.1.7 所示。

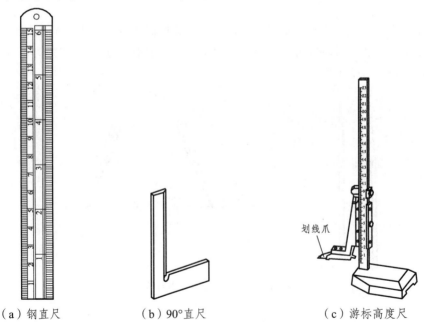

（a）钢直尺　　　　（b）90°直尺　　　　（c）游标高度尺

图 3.1.7　常用划线量具

三、划线操作步骤

（1）看清图样，了解零件上需划线的部位，选定划线基准。基准线或基准面用于确定工件上其他线和面的位置，并由此划定各尺寸，选定工件上已加工表面为基准时为光基准。当工件为毛坯时，可选零件制造图上较为重要的几何要素，并力求划线基准与零件的设计基准保持一致。

（2）清理工件表面，如铸件上的浇、冒口，锻件上的飞边、氧化皮等。检查毛坯或半成品的误差情况。

（3）在划线工件孔内装中心塞块，以便定孔的中心位置，塞块常用铅块或木块制成。

（4）在划线部位涂色，铸、锻件毛坯可用石灰水加适量牛皮胶或粉笔，已加工表面用酒精加漆片和紫蓝颜料（龙胆紫）、硫酸铜溶液等。

（5）正确安放并支承找正工件和选用划线工（量）具。

（6）划线，先划出划线基准及其他水平线。注意在一次支承中，应把需要划的平行线划完，以免再次支承补划造成误差。

（7）检查核对划线尺寸的准确性。

（8）在线条上打样冲眼，如图 3.1.8 所示。

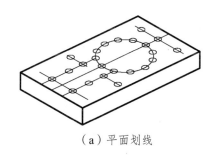 

（a）平面划线　　　　　　　　　　　　　　（b）立体划线

图 3.1.8　平面划线和立体划线

第二节　锯　削

一、实训目的

（1）了解锯削特点及锯削工具；

（2）掌握锯削的操作方法。

二、实训准备知识

1. 锯削应用概述

用手锯或机械锯将金属材料分隔开，或在工件上锯出沟槽的操作方法称为锯削。坯料或半成品的分割，钳工加工过程中多余料头的去除、在工件上开槽、工件的尺寸或形状的修整等加工，都必须应用锯削操作。锯削的工作范围如图 3.2.1 所示。

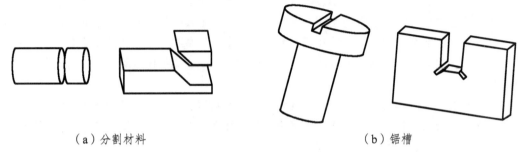

（a）分割材料   （b）锯槽

图 3.2.1　锯削应用

手工锯削所用工具（锯弓）结构简单，使用方便，操作灵活，在钳工工作中使用广泛。手锯由锯弓和锯条两部分组成。

1）锯　弓

锯弓是用来夹持和拉紧锯条的工具，有固定式和可调式两种，如图 3.2.2 所示是可调式锯弓。固定式锯弓只能安装固定长度的锯条；可调式锯弓通过调整可以安装不同长度的锯条，可调式锯弓应用多些。

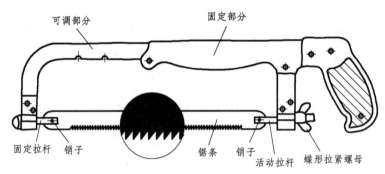

图 3.2.2　可调式锯弓

2）锯条及应用

锯条由碳素工具钢（常用牌号 T12A）制成，热处理后其切削部分硬度达 62HRC；两端装夹部分硬度低，韧性较好，装夹时不至于卡裂。锯条规格以其两端安装孔间距表示，常用规格为 300 mm（长）×12 mm（宽）×0.8 mm（厚）的锯条。切削部分均匀排列着锯齿，每一锯齿相当于一把割断刀。锯齿的排列形式有交叉形和波浪形（见图 3.2.3），使锯缝宽度大于锯条厚度，形成适当的锯路，以减小摩擦，锯削省力，排屑容易，从而能起有效的切削作用，提高切削效率。

按工件材料硬度、厚薄选用不同粗细的锯条。锯软材料或厚件时，容屑空间要大，应选用粗齿锯条。锯硬材料和薄件时，同时切削的齿数要多，而切削量少且均匀，为尽可能减少崩齿和钝化，应选用中齿甚至细齿（每 25 mm 长度上 32 齿）锯条。锯齿的规格及选用如表3.2.1 所示。

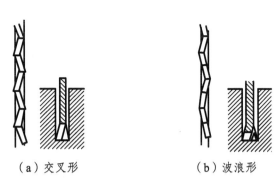

（a）交叉形　　　　　　　　　（b）波浪形

图 3.2.3　锯齿的排列

表 3.2.1　锯条的规格及选用

锯齿粗细	每 25 mm 长度内的齿数	应用范围
粗	14～18	
中	22～24	
细	32	锯削薄片金属、薄壁管子
细变中	32～20	一般工厂中用，起锯容易

2. 锯削操作方法

（1）工件的夹持：工件应夹持稳固，夹紧力要适度，锯割线不应离钳口过远，已加工面上须衬软金属垫，不可直接夹在钳口上。

（2）锯条的安装：根据切削方向，装正锯条，通常向前推移时进行切削，故锯齿齿尖应向前伸，锯条绷紧程度要适当。

（3）手锯的握法：右手握锯，左手扶住锯弓前端，如图 3.2.4 所示。锯削时推力和压力主要由右手控制，左手所加压力不要太大，主要起扶正锯弓的作用。

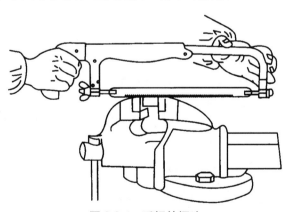

图 3.2.4　手锯的握法

（4）锯削时的姿势：锯削时身体与台虎钳中线呈 30°角，两腿自然站立，重心稍偏于右脚，锯削时视线要落在工件的切削部位。推锯时身体上部稍向前倾，给手锯以适当压力而完成锯削。

（5）锯弓运动的方式：锯弓有两种运动方式，一种是直线运动，适用于锯薄形工件及直槽。

另一种是摆动式运动，锯削时摆动要适度，推进时，左手略微上翘，右手下压；回程时，右手略微朝上，左右回复；这种方式不易疲劳，效率高。

（6）起锯方法：起锯的方法有远起锯和近起锯两种，如图3.2.5所示。一般采用远起锯为好。

起锯时，用左手拇指靠住锯条，右手将锯弓稍斜抬（或压），稳推手柄，锯出一条2~3 mm的槽。无论是远起锯还是近起锯，起锯角度稍小于15°，施加的压力要小，速度要慢，往复行程要短。如果采用近起锯，用力要轻，以免锯齿由于突然过深切入材料而被工件卡住甚至崩断。

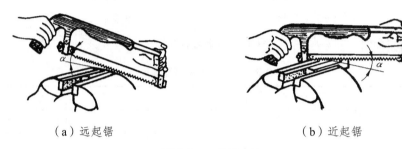

（a）远起锯　　　　　　　　　　　　（b）近起锯

图3.2.5　起锯方法

（7）锯削行程：手锯在锯削时，最好使锯条的全长都参与锯削，一般手锯的往复行程长度应不小于全长的2/3。锯削运动的速度一般以每分钟20~40次为宜，锯削硬材料时应慢些，锯削软材料时应快些，回程的速度相对快些，以提高切削效率。

三、常见材料的锯削方法示例

1. 棒料的锯削方法

如果锯削平面有平整要求时，应从开始连续到结束。断面无平整要求时，可以分为两个或四个方向进行锯削，每个方向的锯缝均不锯到中心，最后轻轻敲击，使棒料折断分离。

2. 圆管的锯削方法

若锯削薄壁管子，应把管子夹持在两块木制的V形块间，锯削时不能朝一个方向锯到底，否则管壁易勾住锯齿，使锯条折断，如图3.2.6（b）所示。正确的锯法是每个方向只锯到管子的内壁处，而后将管子转过一个角度后再起锯，同样锯到管子内壁处，逐次进行锯削，直到锯断为止；在转动时，应使已锯部分向锯条推进方向转动，不得反转，否则锯齿会被管壁卡住。

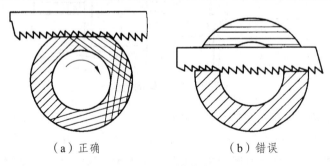

（a）正确　　　　　　　　　　（b）错误

图3.2.6　锯管的方法

3. 薄板的锯削方法

锯削薄板时，可以用两块木板夹持薄板，如图 3.2.7（a）所示，连同木板一起锯下，这样既可以避免锯齿被勾住，也可以加强薄板材料的刚性，使锯削的时候不发生颤动，避免锯齿崩裂。若薄板材料直接装夹在台虎钳上，应用手锯做横向斜推锯削，如图 3.2.7（b）所示，增加手锯与薄板接触的锯齿数量，避免锯齿崩裂。

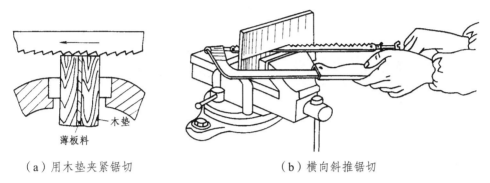

（a）用木垫夹紧锯切　　　　　　　　（b）横向斜推锯切

图 3.2.7　锯薄板的方法

四、锯削安全注意事项

（1）锯削时，压力不可过大，以防锯条崩断飞出伤人。
（2）工件快要锯断时，应用手扶住被锯掉的部分，以防工件落下伤人。工件过大时，可以用其他物体支住。

第三节　锉　　削

一、实训目的

（1）了解锉削特点及锉削工具；
（2）掌握常见平面的锉削方法。

二、实训准备知识

锉削多为手动操作，切削速度低，要求硬度高且刀齿锋利的锉刀。锉刀通常用牌号为 T12、T12A 和 T13A 的高碳工具钢制造，热处理后的硬度值可达 62HRC，耐磨性好，但韧性差，热硬性低，性脆易折，锉削速度过快时易钝化。

锉削时用锉刀对工件表面进行修整切削加工，能达到 IT7～IT8 级，能加工出较高精度零件的形状、尺寸和表面粗糙度，常用于样板、模具制造和机器的装配、调整和维修。锉削可以加工平面、曲面、内外圆弧面和沟槽，也可加工各种复杂的特殊形状的表面。

1. 锉刀的结构

锉刀的结构如图 3.3.1 所示，其中一侧锉刀边有齿纹，另一侧无齿纹，称为光边。使用时，两锉刀面和一侧锉刀边能起切削作用。在 90°角相邻表面均需加工时，用带齿纹的锉刀边和锉刀面；仅需加工一侧表面时，就得翻转锉刀，用锉刀面和不带齿纹的锉刀边进行加工。锉刀面（上、下两面）是锉削的主要工作面，锉刀在纵长方向上做成凸弧形，其作用是能够抵消锉削时由于手上下摆动而产生的表面中凸现象，以使工件锉平。

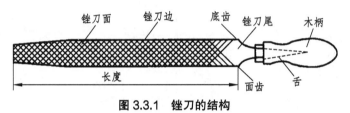

图 3.3.1　锉刀的结构

2. 锉刀的种类及选用

1）锉刀的种类

锉刀有普通锉、整形锉（什锦锉）和特种锉三大类。常用的是普通锉。普通锉按其断面形状不同可分为平锉（板锉）、半圆锉、方锉、三角锉和圆锉等，如图 3.3.2 所示。整形锉主要用于修整工件上的细小部分，特种锉主要用于加工零件的特殊表面，如模具形腔凹平面、凹曲面等。

锉刀按齿纹粗细，还可分为粗齿锉、中齿锉、细齿锉和油光锉等。

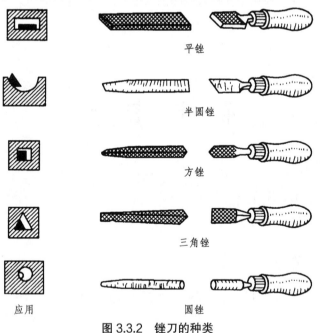

图 3.3.2　锉刀的种类

2）锉刀的选用

每种锉刀都有它的适当用途，选择不当，就不能充分发挥它的效能并且会使其过早地丧失切削能力，因此，必须正确地选择锉刀。

根据工件表面的形状选择锉刀断面的形状，锉刀齿纹粗细的选择取决于工件材料的性质、加工余量的大小、加工精度的高低、表面粗糙度值的大小。表 3.3.1 是选择锉刀齿纹粗细规格时的参考值。

表 3.3.1　锉刀齿纹的粗细规格选用

锉刀粗细	适 用 场 合		
	锉削余量/mm	尺寸精度/mm	表面粗糙度值/μm
1 号（粗齿锉刀）	0.50～1.0	0.20～0.50	$Ra100～25$
2 号（中齿锉刀）	0.20～0.50	0.05～0.20	$Ra25～6.3$
3 号（细齿锉刀）	0.10～0.30	0.02～0.05	$Ra12.5～3.2$
4 号（双细齿锉刀）	0.10～0.20	0.01～0.02	$Ra6.3～1.6$
5 号（油光锉刀）	0.1 以下	0.01	$Ra1.6～0.8$

粗加工和锉削软金属（铜、铝等）时，选用粗锉刀，这种锉刀齿间距大，不易堵塞；半精加工钢、铸铁等工件时，选用细锉刀；修光工件表面时，选用油光锉刀。

3. 锉削基本操作要领

1）锉刀的握法

锉刀的种类较多，规格、大小不一，使用场合也不同，所以锉刀的握法也应随之改变。握大锉刀（长度在 250 mm 以上的锉刀）时，右手心抵住锉刀木柄的端头，大拇指放在锉刀木柄的上面，其余四指弯在下面，配合大拇指捏住锉刀木柄；左手用中指、无名指捏住锉刀的前端，大拇指根部压在锉刀头上，食指、小拇指自然收拢，如图 3.3.3（a）所示。握中锉刀（长度在 200 mm 左右的锉刀）时，右手的握法与大锉刀相同，而左手则需要大拇指和食指捏住锉刀前端，如图 3.3.3（b）所示。握小锉刀的时候，将右手食指伸直，拇指放在锉刀木柄上面，食指靠在锉刀的刀边上；左手几个手指压在锉刀中部，如图 3.3.3（c）、（d）所示。

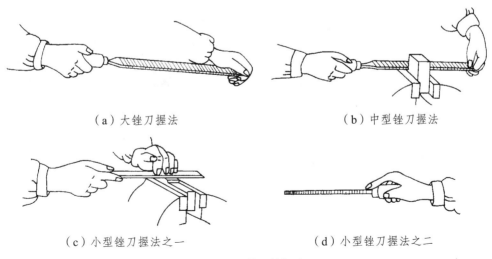

（a）大锉刀握法　　　　　　　　　　　　（b）中型锉刀握法

（c）小型锉刀握法之一　　　　　　　　　（d）小型锉刀握法之二

图 3.3.3　锉刀的握法

2）锉削姿势

锉削时的站立姿势如图 3.3.4 所示，两手握住锉刀放在工件上，左臂弯曲，小臂与工件锉削面的左右方向保持基本平行。右手小臂要与工件锉削面的前后方向保持基本平行。自然站立，站立的姿势要便于用力，能适应不同的锉削要求。身体的重心落在左脚上，右膝伸直，左膝随锉刀的往复运动而屈伸。

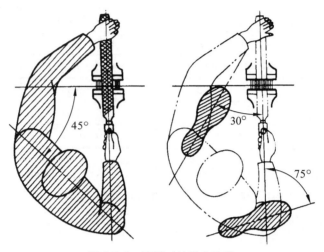

图 3.3.4　锉削时的站立姿势

在锉刀向前锉削的过程中，身体和手臂的运动情况如图 3.3.5 所示。起锉时，身体向前倾 10° 左右；锉至 1/3 行程时，身体随之前倾至 15° 左右；在锉削 2/3 行程时，右肘向前推进锉刀，身体逐渐向前倾斜至 18° 左右后停止向前；当锉削最后 1/3 行程时，右肘继续向前推进锉刀，同时左腿自然伸直并随着锉刀的反作用力，将身体后移至 15° 左右；锉削行程结束后，手和身体都恢复到原位，同时将锉刀略微提起并顺势收回原位。当锉刀收回将近结束时，身体又开始前倾，做第二次锉削的向前运动。

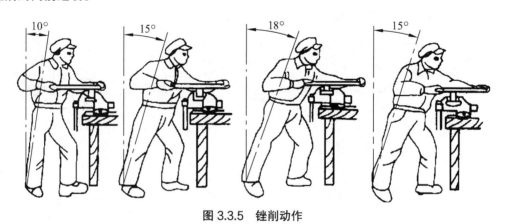

图 3.3.5　锉削动作

3）锉削力的运用

要锉削出平直的平面，必须使锉刀保持直线的锉削运动。锉削的力量有水平推力和垂直压力，推力主要由右手控制，其大小必须大于切屑的阻力才能锉去切屑；压力是由两手控制的，其作用

· 38 ·

是使锉齿深入金属表面。锉削开始时，左手压力大，右手压力小；随着锉刀前推，左手压力逐渐减小，右手压力逐渐增大；当工件在锉身中间位置时，双手压力变为均等；再往前推锉，右手压力逐渐大于左手。回锉时，两手不施加压力回原位，以减少锉齿的磨损，如图 3.3.6 所示。

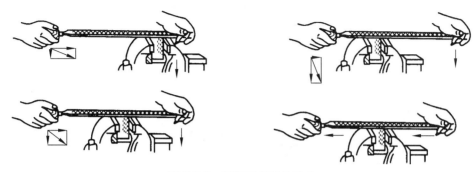

图 3.3.6　锉削时双手的用力

锉削的速度一般控制在 40 次/min 以内，推出时慢，回程时稍快，动作协调自如。太快，操作者容易疲劳且锉齿易磨钝；太慢，锉削效率低。

4. 锉削质量分析（见表 3.3.2）

表 3.3.2　锉削质量分析

质量问题形式	产生的原因分析
表面夹出痕迹	1. 装夹时，台虎钳钳口没有垫软金属或木块 2. 夹紧力太大
平面中凸、塌边、塌角	1. 操作时双手用力不平衡 2. 锉削姿势不正确，选用锉刀不当，未及时检查平面度 3. 锉刀面中凹或扭曲 4. 工件装夹不正确
工件尺寸不合格	1. 划线不正确 2. 锉削时没有及时测量或测量有误差
表面太粗糙	1. 精锉时采用粗锉刀，锉刀齿纹选用不当 2. 粗锉刀痕迹太深 3. 切屑嵌在锉纹中没有清除，把表面拉毛 4. 锉直角时，没采用带光面的锉刀

三、各种形面的锉削方法

1. 平面的锉削

平面的锉削有顺向锉削、交叉锉削和推锉锉削三种方法。

顺向锉削时，锉刀沿着工件表面横向或纵向直线移动，锉削平面可得到正直的锉痕，比较整齐美观。这种方法适用于锉削不大的平面、最后锉光和粗锉后精锉的场合，如图 3.3.7（a）所示。

交叉锉削时，锉刀从两个方向对工件表面进行锉削。交叉锉的特点是锉刀与工件接触面大，锉刀容易掌握平稳，同时从锉痕上可以判断出锉削面的高低情况，因此容易把平面锉平。交叉锉适用于粗锉，待精加工时要改用顺向锉削，才能得到正直的锉痕，如图 3.3.7（b）所示。

推锉锉削时，两手对称地握住锉刀，用两大拇指推锉刀进行锉削。这种方法适用于对表面较窄且已经锉平、加工余量很小的工件修正尺寸和减小表面粗糙度，如图 3.3.7（c）所示。

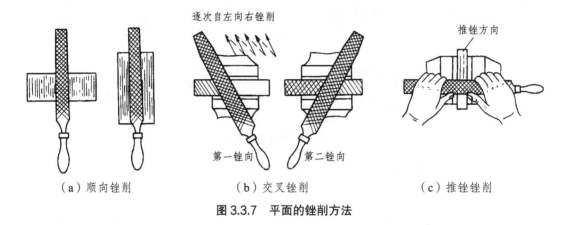

（a）顺向锉削　　　　　　（b）交叉锉削　　　　　　（c）推锉锉削

图 3.3.7　平面的锉削方法

2. 外圆弧面的锉削

外圆弧面一般可采用平锉进行锉削，锉削时锉刀要同时完成两个运动，即锉刀在做前进运动的同时还应绕工件圆弧的中心转动，常用的锉削方法有横锉削法和滚锉削法两种。

（1）横锉削法：锉削时的锉刀运动方向如图 3.3.8（a）所示。这种方法容易发挥锉削力量，能较快地把圆弧外的部分锉成接近圆弧的多边形，适宜于加工余量较大的粗加工。按圆弧要求锉成多边形后，再用滚锉法精锉成形。

（2）滚锉削法：锉刀在向圆弧面向前推进的同时绕圆弧中心转动，使锉刀在零件上做转动。这种锉削方法能使圆弧面锉削光洁圆滑，但锉削位置不易掌握而且效率不高，适用于精锉圆弧面，如图 3.3.8（b）所示。

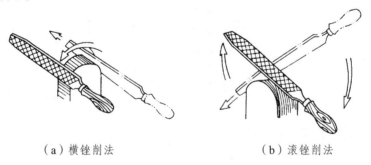

（a）横锉削法　　　　　　　　　（b）滚锉削法

图 3.3.8　外圆弧面的锉削方法

3. 内圆弧面的锉削

用圆锉或半圆锉刀沿着圆弧母线向前推锉，同时绕圆弧中心和锉刀自身轴线旋转，三个运动正确组合才能锉出所需表面，如图 3.3.9 所示。

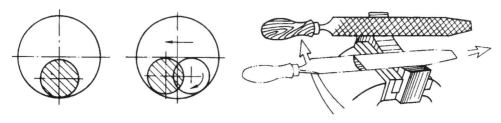

图 3.3.9 内圆弧面的锉削

4. 锉削常用检测技术

锉削形面常用的检测工具有刀口直尺、90°角尺、半径规或半径样板等，分别用来检测直线度、垂直度、圆弧。检测时，一般采用透光法来检查，透光微弱而均匀，说明被测面符合要求；透光强弱不一，说明被测面高低不平，透光的部分是最凹的地方。误差值的确定可以用塞尺做塞入检查。

（1）检查直线度：用钢直尺或刀口形直尺以透光法来检查工件的直线度，其方法如图 3.3.10 所示。

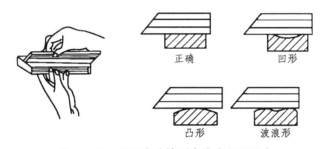

图 3.3.10　用透光法检测直线度和平面度

（2）检查垂直度：用 90°角尺采用透光法检查，其方法是先选择基准面，然后对其他各面进行检查，如图 3.3.11 所示。

（3）检查曲面线轮廓度：用半径规或曲面样板采用透光法进行检查，如图 3.3.12 所示。

（4）检查尺寸：用游标卡尺或千分尺在工件全长的不同位置进行数次测量。

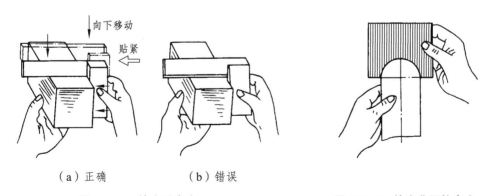

（a）正确　　　　　　（b）错误

图 3.3.11　检查垂直度　　　　　　图 3.3.12　检查曲面轮廓度

四、锉削安全注意事项

（1）锉削时除使用什锦锉外，不准使用无柄的锉刀，否则，锉削时使不上力，易扎伤手掌。

（2）不准把锉刀当手锤或撬棍用，以免锉刀折断伤人。

（3）不准用嘴吹锉屑，以防锉屑飞进眼里。

（4）不允许用手去除锉削面上的锉屑，应用钢丝刷顺着锉纹方向将锉屑刷掉。

第四节　孔加工

一、实训目的

（1）了解钻削的应用范围，了解钻床的结构；

（2）掌握立式钻床的操作方法；

（3）了解麻花钻、丝锥、铰刀的结构和功用；

（4）掌握手动攻螺纹及铰孔的操作方法。

二、实训准备知识

1. 钻　孔

1）钻削的应用

钻削是用钻头在工件实体材料上加工孔的方法。孔加工的切削条件比外圆面差，刀具受孔径的限制，只能使用定值刀具。钻头加工时排屑困难，散热慢，切削液不易进入切削区，钻头易钝化，所以，钻孔能达到的尺寸公差等级为 IT11 ~ IT12 级，对精度要求高的孔，还应进行扩孔、铰孔等工序。

2）钻　床

钻床是指要用钻头在工件上加工孔的机床，通常钻头旋转为主运动，钻头沿主轴方向移动为进给运动。钻床结构简单，加工精度相对较低，可以钻孔、扩孔、铰孔、攻丝等。常用的钻床有台式钻床、立式钻床和摇臂钻床。

台式钻床体积小巧，操作方便，主要用于加工直径小于 13 mm 的孔。

立式钻床是一种中型钻床，适用于单件、小批生产中加工中小型工件，其最大钻孔直径是用钻床型号的最后两个数字表示的。如 Z525 最大钻孔的直径是 25 mm。立式钻床的组成如图 3.4.1 所示。

摇臂钻床结构比较复杂，操作灵活，主要用于大型工件的孔加工，特别适用于多孔件的加工。摇臂钻床如图 3.4.2 所示。

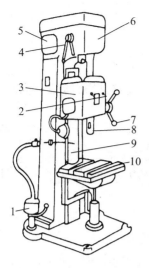

图 3.4.1 立式钻床

1—冷却电动机；2—进给变速手柄；3—进给变速箱；
4—变速手柄；5—主电动机；6—主轴变速箱；
7—进给手柄；8—主轴；9—立柱；10—工作台

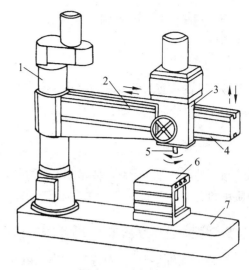

图 3.4.2 摇臂钻床

1—立柱；2—摇臂；3、5—主轴箱；
4—摇臂导轨；6—工作台；7—机座

3）钻　头

钻头是钻孔用的主要刀具，常用的是标准麻花钻，它由高速钢制造，经热处理后其工作部分硬度达 62HRC 以上，其结构如图 3.4.3 所示。

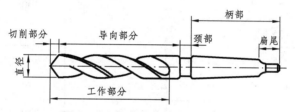

图 3.4.3 标准麻花钻的组成部分

柄部是麻花钻的夹持部分，用于传递转矩。

颈部在磨削麻花钻时作退刀槽使用，钻头的规格、材料、商标等通常打印在颈部。

工作部分又分为切削部分和导向部分。切削部分包括横刃和两个切削刃（见图 3.4.4），起着主要的切削作用；导向部分在切削时起引导钻头方向的作用，并具有修光孔壁的作用。导向部分有两条螺旋形棱边，略有倒锥，这样既可保证切削顺利进行，还可以减少钻头与孔壁之间的摩擦。

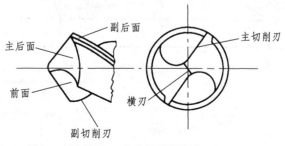

图 3.4.4 麻花钻的切削部分

三、钻孔操作步骤

1. 工件的划线

按钻孔的位置尺寸要求划出孔的十字中心线，并在中心打上样冲眼，按孔的大小划出孔的圆周线，以便打孔时检查钻孔的位置。

2. 装夹工件和钻头

按工件的大小、形状、数量和钻孔直径，选用适当的夹持方法和夹具夹紧工件，以保证钻孔的质量和安全。

3. 调整钻削速度和进给速度

钻硬材料和大孔，切削速度要小；钻小孔时，切削速度要大些；遇大于$\phi30mm$的孔径应分两次钻出，先钻0.6~0.8倍孔径的小孔，再钻至要求的孔径。进给速度要均匀，快慢要适中。钻盲孔要做好深度标记；钻通孔时当孔将钻通时，应减慢进给量，以免卡钻，甚至折断钻头。钻孔时的切削速度和进给量可参照表3.4.1和表3.4.2。

表3.4.1 标准麻花钻的切削速度

加工材料	硬度 HBS	切削速度 v /（m/min）	加工材料	硬度 HBS	切削速度 v /（m/min）
低碳钢	100~125	27	灰铸铁	100~140	33
	125~175	24		140~190	27
	175~225	21		190~220	21
中、高碳钢	125~175	22		220~260	15
	175~225	20		260~320	9
	225~275	15	可锻铸铁	110~160	42
	275~325	12		160~200	25
合金钢	175~225	18		200~240	20
	225~275	15		240~280	12
	275~325	12	铝、镁合金	—	75~90
	325~375	10	铜合金	—	20~48

表3.4.2 标准麻花钻的进给量

钻头直径 d/mm	<3	3~6	6~12	12~25	>25
进给量 f/（mm/r）	0.025~0.05	0.05~0.18	0.10~0.18	0.10~0.38	0.38~0.62

4. 加注切削液

钻削时切削条件差，刀具不易散热，排屑不畅，故须加注切削液进行冷却和润滑减摩。钻深孔时，必须不时地退出钻头，以排屑、冷却，注入切削液。

5. 起　钻

钻孔时，先使钻头对准孔中心，起钻出一浅坑（约占孔径的 1/4），观察其位置是否正确，并不断校正，使浅坑与划线同轴。如有偏离，可采用借正的方法进行纠正。偏离较少时，在起钻的同时用力将工件向偏离的反方向推移，达到逐步纠正的目的；如果偏离较多，可在纠正方向上打上几个中心样冲眼或用油槽錾錾出几条油槽，以减小此处的切削阻力，达到纠正的目的。

6. 正式钻孔

当起钻达到钻孔位置要求后，即可压紧工件完成钻孔。手动进给时，进给力不应使钻头产生弯曲现象，以免钻孔轴线歪斜。钻小孔或深孔时，进给力要小，并要经常退钻排屑，以免切屑阻塞而扭断钻头。

7. 钻孔操作安全注意事项

（1）钻削时，衣袖要系紧，严禁戴手套，女同学应戴工作帽，防止切屑伤手和伤眼。
（2）工件必须夹紧可靠，孔将要钻通时，尽量减小进给力，避免钻头折断。
（3）开动钻床前，必须检查是否有钻头钥匙插在钻轴上，如果有应取下。
（4）需要进行变速的时候，要先将钻床停下，待主轴停止转动后方可进行变速操作。
（5）严禁在开车状态下装卸工件，检查工件时必须停车进行。
（6）不可用手、纱棉或用嘴吹清切屑，以防切屑伤手和伤眼。

四、扩孔、铰孔、攻螺纹

1. 扩　孔

使用扩孔钻或麻花钻扩大零件上原有的孔叫扩孔。对于直径较大或精度要求较高的孔，为了提高精度和钻头耐用度，一般分两次或两次以上将孔钻出。先用小直径的钻头钻出小孔，然后再进行扩孔。用扩孔钻进行扩孔时，底孔直径为要求直径的 0.9 倍，用麻花钻进行扩孔时，底孔直径为要求直径的 0.5～0.7 倍。扩孔可作为孔的最后加工，也可作为铰孔前的预加工。扩孔精度可达 IT10～IT9，表面粗糙度可达 Ra 6.3～3.2 μm。

2. 铰　孔

孔经过钻孔、扩孔后，用铰刀对孔进行提高尺寸精度和表面质量的加工叫铰孔。铰孔具有刀齿数量多、切削阻力小、导向性好、加工余量小（粗铰 0.15～0.5 mm，精铰 0.05～0.25 mm）等特点。铰孔精度可达 IT8～IT6，表面粗糙度可达 Ra 1.6～0.4 μm。

1）铰　刀

铰刀按使用方法不同可分为手用铰刀和机用铰刀，如图 3.4.5 所示，机用铰刀为锥柄，手用铰刀为直柄。铰刀一般制成两支一套，其中一支为粗铰刀（刃上开有螺旋形分布的分屑槽），另一支为精铰刀。

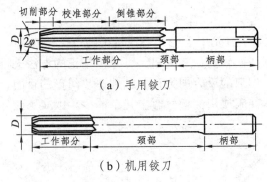

（a）手用铰刀

（b）机用铰刀

图 3.4.5　铰刀的构造

2）手铰孔方法

先将铰刀插入孔内，两手握住铰杠手柄，顺时针转动并稍加压力，使铰刀慢慢向孔内进给，两手用力要平衡，使铰刀铰削时始终保持与零件垂直。铰刀退出时，也应边顺时针转动边向外拔出。

3．攻螺纹

1）攻螺纹的应用

攻螺纹是用丝锥在工件上加工内螺纹的方法。攻螺纹是钳工的基本操作，凡是小直径螺纹，单件、小批生产或结构上不宜采用机攻螺纹的，大多采用手攻。

2）丝　锥

攻内螺纹的刀具称为丝锥，如图 3.4.6 所示。其工作部分分为切削部分和校准部分。工作部分有 3~4 条轴向容屑槽，可容纳切屑，并形成刀刃和前角。切削部分呈圆锥形，切削刃分布在圆锥表面上。校准部分的齿形完整，可校正已切出的螺纹，并起导向作用。柄部末端有方头，以便用铰杠装夹和旋转。

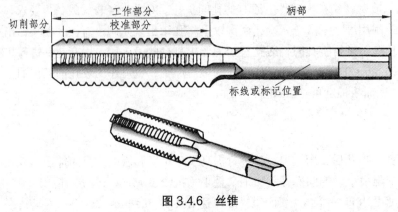

图 3.4.6　丝锥

丝锥须成组使用，每组 2~3 支丝锥组成的成组丝锥分次切削，依次分担切削量，以减轻每支丝锥单齿切削负荷。M6~M24 的丝锥两支一组，小于 M6 和大于 M24 的三支一组。小丝锥强度差，易折断，将切削余量分配在三个等径的丝锥上。大丝锥切削的金属量多，应逐渐切除，分配在三个不等径的丝锥上。

3）铰　杠

铰杠是手工攻丝时用来装夹丝锥的工具，如图 3.4.7 所示。铰杠有固定式和可调式，以便夹持各种不同尺寸的丝锥。铰杠的方孔尺寸和柄的长度都有一定规格，使用时根据丝锥尺寸的大小，按表 3.4.3 合理选择。

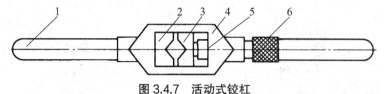

图 3.4.7　活动式铰杠
1—固定手柄；2—固定块；3—滑块；4—框架；5—接头；6—活动手柄

表 3.4.3　可调铰杠适用范围

可调铰杠规格	150	225	275	375	475	600
适用的丝锥范围	M5~M8	>M8~M12	>M12~M14	>M14~M16	>M16~M22	>M24

4）攻螺纹操作步骤

（1）确定底孔直径：攻丝前的底孔直径 d（钻头直径）略大于螺纹底孔孔径。其选用可以通过经验公式计算。

对钢及韧性材料：$d = D - P$

对脆性材料：$d = D - (1.05 \sim 1.1)P$

其中　d——底孔直径（mm）；

　　　　D——螺纹基本尺寸（mm），亦即工件螺纹公称直径；

　　　　P——螺距（mm）。

根据上述公式计算麻花钻直径，对工件进行钻底孔操作，之后就可以进行攻丝了。

（2）起攻：起攻用头攻直攻。起攻时，用一手按住铰杠中部，沿丝锥轴线用力加压，另一手配合做顺向旋进；两手均匀加压，转动铰杠。如图 3.4.8 所示，当头攻切入两牙左右后，用 90° 角尺在两个垂直平面内进行检查，保证丝锥轴线与孔轴线重合，如图 3.4.9 所示。若丝锥歪斜，要纠正后再往下攻。

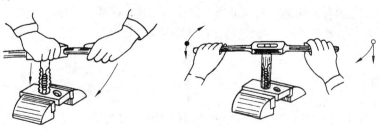

图 3.4.8　起攻方法

（3）正式攻丝：当丝锥位置与螺纹底孔断面垂直后，轴向就不要再加压力。为避免切屑堵塞，铰杠每扳转 1/2～1 圈，就应倒转 1/4～1/2 圈，使切屑碎断后容易排出，如图 3.4.10 所示。特别是在攻不通孔的螺纹时，要经常退出丝锥，排除孔中的切屑，以免丝锥攻入时被卡住。攻铸铁材料螺纹时要加煤油而不加切削液，钢件材料要加切削液，以保证螺纹表面的粗糙度要求。当头攻攻完后，应倒转铰杠，退出丝锥，换二攻、三攻依次攻入。

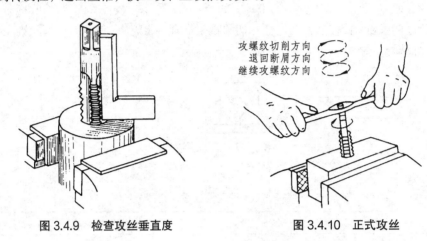

攻螺纹切削方向
退回断屑方向
继续攻螺纹方向

图 3.4.9 检查攻丝垂直度   图 3.4.10 正式攻丝

第五节 钳工综合实训

一、实训目的

（1）学习编制典型零件的加工工艺；
（2）练习锯削、锉削、钻削、攻螺纹等操作方法；
（3）加强综合运用钳工技能的能力。

二、实训准备

（1）根据图样编制合理的加工工艺。
（2）准备好加工零件所用的工具、量具。使用的工具有锯弓、平锉、丝锥、铰杠、麻花钻、划针、划规等。量具有游标卡尺、90°角尺、120°样板、刀口尺等。

三、实训示例

制作六角形螺母，图 3.5.1 所示是六角形螺母的图样，材料是 30#钢，其制作步骤见表 3.5.1。

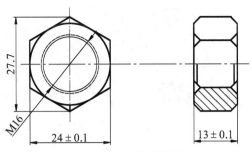

图 3.5.1　六角形螺母

表 3.5.1　六角形螺母的制作步骤

序号	工序	加工简图	加工内容	工具、量具
1	备料		下料：$\phi30$ 棒料，高度 14.5 mm	钢直尺，钢锯
2	锉削		锉削上下两端面，高度 $H=13$ mm，要求两平面平行，平面平直	锉刀、钢直尺
3	划线		划线：定中心，划中心线，按尺寸划出六角形边线和钻孔孔径线，打样冲眼	划针、划规、样冲、小锤子、钢直尺
4	锉削		锉六个侧面：先锉第一个平面，再锉削与之相对平行的平面。然后再锉削其余四面。在锉削平面的时候，参照所划的线，同时用 120°样板检查相邻两平面的夹角，用 90°角尺检查六个平面与端面的垂直度。用游标卡尺测量尺寸及两对面的平行度	锉刀、钢直尺、90°角尺、120°样板、游标卡尺
5	锉削		倒角：按照加工界限倒两端的圆弧角	锉刀
6	钻孔		钻孔：计算钻孔直径，用相应的钻头进行钻孔，用游标卡尺检查孔径	钻头、游标卡尺
7	攻丝		攻丝：先用头攻进行攻丝，再用二攻攻丝	丝锥、铰杠

第四章　车削加工

第一节　车削的应用及卧式车床

一、实训目的

（1）了解车削的特点和应用范围以及车床型号的含义；
（2）了解普通卧式车床的组成及各组成部件的作用；
（3）了解车床附件的结构及使用方法；
（4）掌握车削外圆、端面、圆锥、成形面及螺纹的方法。

二、实训准备知识

1. 车削的特点和应用范围

车削加工是指在车床上利用工件的旋转和刀具的移动，从工件表面切除多余材料，使其成为符合一定形状、尺寸和表面质量要求的零件的一种切削加工方法。车削加工是机械加工中最基本最常用的加工方法，车削加工既可以加工金属材料，也可以加工塑料、橡胶、木材等非金属材料。车床是金属切削机床中数量最多的一种，在现代机械加工中占有重要地位。

车削主要用来加工零件上的回转表面，加工精度达 IT8~IT6，表面粗糙度 Ra 值达 3.2~0.8 μm。车床的种类很多，按用途结构分，有立式车床、卧式车床、仪表车床、数控车床等。随着技术的不断发展，高效自动化和高精度的车床不断出现，为车削加工提供了广阔的前景。车削加工应用范围广泛，它可完成的主要工作如图 4.1.1 所示。

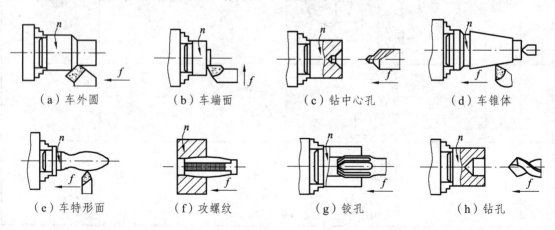

（a）车外圆　　　（b）车端面　　　（c）钻中心孔　　　（d）车锥体

（e）车特形面　　　（f）攻螺纹　　　（g）铰孔　　　（h）钻孔

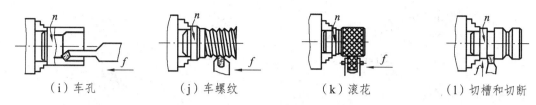

|（i）车孔|（j）车螺纹|（k）滚花|（1）切槽和切断|

图 4.1.1 车削的典型工件

车削加工的特点如下：

（1）生产率较高。由于车削过程是连续的，切削力变化小，比较平稳，故可以进行高速切削或者强力切削。

（2）车削适用范围广。可以加工各种金属和非金属材料，它是加工各种不同材质、不同精度的具有回转体表面零件不可缺少的工序。

（3）生产成本低。车刀是刀具中最简单的一种，制造、刃磨安装比较方便。车床附件多，生产准备时间短。

（4）容易保证零件上各加工面的位置精度。在一次安装过程中加工零件各回转面时，可保证各加工面的同轴度、平行度、垂直度等位置精度要求。

2. 车削运动及车削用量

1）车削运动

车削运动按所起的作用，通常可分为主运动和进给运动两种。

主运动是切除工件上多余金属，形成工件新表面必不可少的基本运动。其特征是速度最高，消耗功率最多。车削时工件的旋转为主运动，切削加工时主运动只能有一个。

进给运动是使切削层间断或连续投入切削的一种附加运动。其特征是速度小，消耗功率少。车削时刀具的纵、横向移动为进给运动，切削加工时进给运动可能不止一个。

2）车削用量

车削时的车削用量是指切削速度 v_c、进给量 f 和背吃刀量 a_p 三个切削要素的总称。它们对加工质量、生产率及加工成本有很大影响。

切削速度 v_c 是指车刀刀刃与工件接触点上主运动的最大线速度，由下式确定：

$$v_c = \pi dn / 1\,000$$

式中　v_c——切削速度（m/min）；

　　　d——切削部位工件最大直径（mm）；

　　　n——工件转速（r/min）。

车削进给量 f 是指工件一转时刀具沿进给方向的位移量，又称走刀量，其单位符号为 mm/r。

背吃刀量 a_p 是指待加工表面与已加工表面之间的垂直距离，它又称切削深度。车外圆时由下式确定：

$$a_p = \frac{d_w - d_m}{2}$$

式中　a_p——背吃刀量（mm）；

　　　d_w——工件待加工表面的直径（mm）；

　　　d_m——工件已加工表面的直径（mm）。

3. 普通卧式车床

1）车床的型号

车床型号是按 GB/T 15375—2008 的标准规定的，由汉语拼音和阿拉伯数字组成，如：

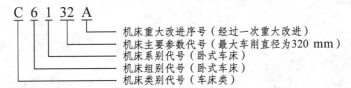

2）卧式车床的组成

车床种类很多，其中卧式车床是应用最广泛的一种，它的功能性大，适用于加工各种轴类、套筒类和盘类零件上的回转表面。图 4.1.2 所示是 C6132 型卧式车床的外形图。

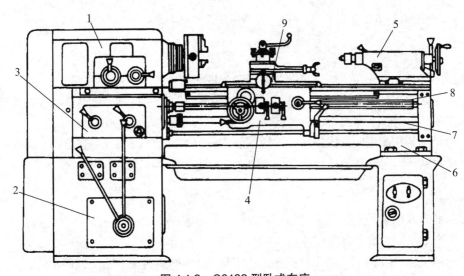

图 4.1.2　C6132 型卧式车床

1—主轴箱；2—变速箱；3—进给箱；4—溜板箱；5—尾架；
6—床身；7—光杠；8—丝杠；9—刀架

车床上由机床主轴带动工件旋转。由溜板箱上的大拖板及刀架带动刀具做纵向、横向直线移动。为了改变上述运动的大小，尚有主运动变速箱（主轴箱）和进给运动变速箱（进给箱）。

车床各组成部分及其作用如下。

（1）主轴箱：内装有多组齿轮变速机构，变换箱外手柄的位置可使主轴得到各种不同的转速。主轴是空心结构，以便穿过长棒料进行安装。

（2）变速箱：安装变速机构，以增加主轴变速范围。变换箱外变速手柄的位置，可以扩大车床的变速范围。

（3）进给箱：内装有进给运动的变速机构，通过调整外部手柄的位置，能使光杠或丝杠获得不同的转速，从而获得所需要的进给量或螺距。

（4）溜板箱：与刀架相连，是进给运动的操纵机构。通过改变不同的手柄位置，可使光杠传来的旋转运动变为车刀的纵向或横向直线运动，也可将丝杠传来的旋转运动通过开合螺母直接变为车刀的纵向移动以车削螺纹。

（5）尾座：用来安装顶尖以支撑较长的工件，也可以装夹钻头、铰刀、丝锥、板牙等刀具，进行孔加工或攻丝、套螺纹；调整尾座的横向位置，可以加工长锥体。

（6）床身：安装车床各个部件的主体，用来支承上述各部件，并保证其间相对位置。

（7）光杠：用来带动溜板箱，使车刀沿要求的方向做纵向或横向运动。

（8）丝杠：用于车螺纹时，将进给箱的运动传给溜板箱。

（9）刀架：安装车刀、换刀。

3）C6132 型卧式车床的传动路线

电动机输出的动力，经变速箱内变速齿轮改变啮合位置，可得到 9 种不同的转速，经 V 带传动给主轴箱，变速箱外的变速手柄可以使箱内不同的齿轮啮合，从而使齿轮得到各种不同的转速，主轴通过卡盘带动工件做旋转运动。主轴的旋转通过挂轮箱、进给箱、丝杠或光杠、溜板箱的传动，使溜板箱带动装在刀架上的刀具做直线进给运动。C6132 型卧式车床的传动路线如图 4.1.3 所示。

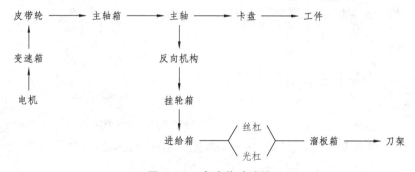

图 4.1.3　车床传动路线

4. 车床附件及应用

1）三爪自定心卡盘

三爪自定心卡盘是车床上应用最广泛的一种通用夹具。三爪卡盘的三个卡爪是联动的，能自动定心，故一般零件不需要校正，装夹效率比较高；但是夹紧力不大，只适用于中小型的横截面是圆形、正三边形、正六边形的工件，不能用来装夹不规则的零件。三爪卡盘结构如图 4.1.4 所示。

使用时，将卡盘扳手插入小锥齿轮的方孔内，转动小锥齿轮，由小锥齿轮带动大锥齿轮转动。大锥齿轮背面有平面螺纹，三爪与平面螺纹啮合，因此当大锥齿轮转动时，由背面的平面螺纹带动三个卡爪向内或向外移动，从而夹紧或松开工件。

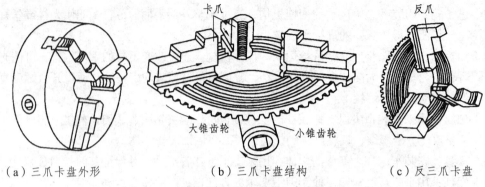

| （a）三爪卡盘外形 | （b）三爪卡盘结构 | （c）反三爪卡盘 |

图 4.1.4　三爪自定心卡盘

用三爪卡盘安装工件时，应先将工件置于三个卡爪中找正，轻轻夹紧，然后开动机床使主轴低速旋转，检查工件有无歪斜偏摆，如有偏摆，停车后用锤子轻轻校正，然后夹紧工件，并及时取下卡盘扳手。当工件较短时，用三个卡爪夹紧工件即可；当工件较长时，应在工件右端用尾座顶尖支撑以加强工件的强度，如图 4.1.5 所示。

2）四爪单动卡盘

四爪单动卡盘的外形如图 4.1.6 所示，它有四个单动可调的卡爪，因此，它不仅可以安装圆形工件，还能安装异形件。它的夹紧力大，适宜安装较重较大的工件。

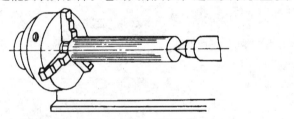

图 4.1.5　三爪卡盘和顶尖安装

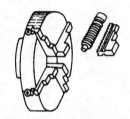

图 4.1.6　四爪单动卡盘

四爪卡盘不能自动定心，使用四爪卡盘装夹工件的时候，必须进行找正，其目的是要校正工件回转轴线与机床轴线基本重合，工件端面基本垂直于轴线或按图样要求调整工件到理想的位置。下面说明以事先划出的加工界线用划线盘找正的方法。

使划针靠近零件上划出的加工界线，用手慢慢扳动卡盘，先校正端面，在离针尖最近的零件端面上用小锤轻轻敲至各处距离相等。再将划针针尖靠近外圆，用手扳动卡盘，校正中心，将离开针尖最远处的一个卡爪松开，拧紧对面的一个卡爪，反复调整几次，直至校正为止。对于定位精度要求较高的零件，可以用百分表进行找正，找正方法如图 4.1.7 所示。

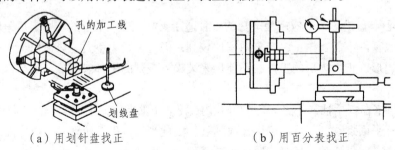

| （a）用划针盘找正 | （b）用百分表找正 |

图 4.1.7　用四爪单动卡盘时工作找正的方法

3）中心架和跟刀架

当工件长度/直径比大于 25 的时候，称该工件为细长轴。细长轴本身刚性较差，加工过程中容易产生振动，并且常会出现两头细中间粗的现象。在加工细长轴时，要使用中心架或跟刀架作为附加支承，以增加工件的刚性。

（1）中心架。

中心架一般多用于加工阶梯轴及在长杆件端面进行钻孔、镗孔或攻丝。对不能通过机床主轴孔的大直径长轴进行端面车削时，也经常使用中心架。

中心架固定在车床导轨上，主要用于提高细长轴或悬臂安装工件的支承刚度。安装中心架之前先在工件上车出中心架支承凹槽，槽的宽度略大于支承爪，槽的直径比工件的最终直径要大一些，以便精车。调整中心时，须先调整下面两个爪，然后把盖子盖好固定后，再调整上面一个爪。车削时卡爪与工件接触处要经常加润滑油，注意其松紧要适量，以防工件被拉毛及摩擦发热，如图 4.1.8 所示。

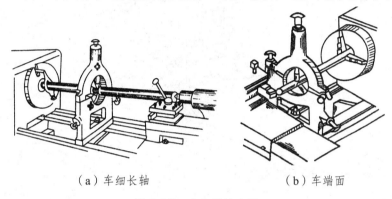

（a）车细长轴　　　　　　　　　（b）车端面

图 4.1.8　中心架的应用

（2）跟刀架。

跟刀架一般有两个卡爪，使用时固定在床鞍上，可随刀架一起移动，主要用作精车、半精车细长轴（长径比为 30 ~ 70）的辅助支承。跟刀架可以跟随车刀抵消径向的切削抗力，以防止由于径向切削力而使工件产生弯曲变形。车削时在工件头上先车好一段外圆，使跟刀架支承爪与之接触并调整至松紧适宜，支承处要加润滑油润滑。

跟刀架一般有两个支承爪，一个从车刀的对面抵住工件，另一个从上向下压住工件。有的有三个爪，三爪跟刀架夹持工件稳定，工件上下左右的变形均受到限制，不易发生振动，如图 4.1.9 所示。

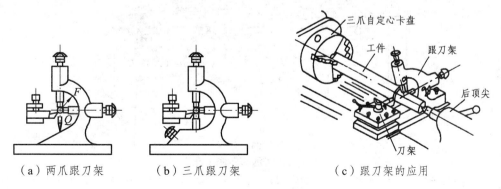

（a）两爪跟刀架　　　　（b）三爪跟刀架　　　　（c）跟刀架的应用

图 4.1.9　跟刀架及应用

5. 其他车床

除了卧式车床外，还有以下几种常见的车床。

1）立式车床

立式车床的主轴回转轴线处于垂直位置，如图 4.1.10 所示，可加工内外圆柱面、圆锥面、端面等，适用于加工长度短而直径大的重型零件，如大型带轮、轮圈、大型电动机零件等。立式车床的立柱和横梁上都装有刀架，刀架上的刀具可同时切削并快速移动。

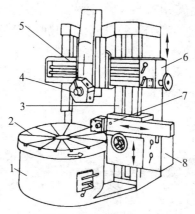

图 4.1.10　立式车床
1—底座；2—工作台；3—立柱；4—垂直刀架；5—横梁；6—垂直刀架进给箱；
7—侧刀架；8—侧刀架进给箱

2）转塔车床

转塔车床又称六角车床，用于加工外形复杂且大多数中心有孔的零件。转塔车床在结构上没有丝杠和尾座，代替卧式车床尾座的是一个可旋转换位的转塔刀架，如图 4.1.11 所示。该刀架可按加工顺序同时安装钻头、铰刀、丝锥以及装在特殊刀夹中的各种车刀共 6 把。还有一个与卧式车床相似的四方刀架，两个刀架配合使用，可同时对零件进行加工。另外，机床上还有定程装置，可控制加工尺寸。

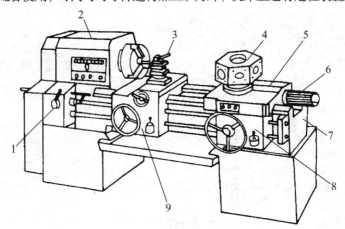

图 4.1.11　滑鞍转塔车床
1—进给箱；2—主轴箱；3—横刀架；4—转塔刀架；5—床鞍；6—定程装置；
7—床身；8—转塔刀架溜板箱；9—横刀架溜板箱

第二节 车 刀

一、实训目的

（1）了解常用的刀具材料及其性能；
（2）了解车刀的种类和各种车刀的作用。

二、实训准备知识

1. 车刀概述

刀具材料是决定刀具切削性能的根本因素，对加工效率、加工质量以及刀具耐用度影响很大。使用碳素工具钢作为刀具材料时，切削速度只有 10 m/min 左右；20 世纪初出现了高速钢刀具材料，切削速度提高到每分钟几十米；20 世纪 30 年代出现了硬质合金，切削速度提高到每分钟一百多米至几百米；当前陶瓷刀具和超硬材料刀具的出现，使切削速度提高到 1 000 m/min 以上，被加工材料的发展也大大地推动了刀具材料的发展。

2. 刀具材料应具备的性能

性能优良的刀具材料，是保证刀具高效工作的基本条件。刀具切削部分在强烈摩擦、高压、高温下工作，应具备如下基本要求：

（1）高硬度和高耐磨性。刀具材料的硬度必须高于被加工材料的硬度才能切下金属，这是刀具材料必备的基本要求，现有刀具材料硬度都在 60HRC 以上。刀具材料越硬，其耐磨性越好，但由于切削条件较复杂，材料的耐磨性还取决于它的化学成分和金相组织的稳定性。

（2）足够的强度与冲击韧性。强度是指抵抗切削力的作用而不至于刀刃崩碎与刀杆折断所应具备的性能，一般用抗弯强度来表示。冲击韧性是指刀具材料在间断切削或有冲击的工作条件下保证不崩刃的能力。一般硬度越高，冲击韧性越低，材料越脆。硬度和韧性是一对矛盾，韧性也是选用刀具材料应考虑的一个关键指标。

（3）高耐热性。耐热性又称红硬性，是衡量刀具材料性能的主要指标。它综合反映了刀具材料在高温下保持硬度、耐磨性、强度、抗氧化、抗黏结和抗扩散的能力。

（4）良好的工艺性和经济性。为了便于制造，刀具材料应有良好的工艺性，如锻造、热处理及磨削加工性能。当然在制造和选用时应综合考虑经济性。当前超硬材料及涂层刀具材料费用都较贵，但其使用寿命很长，在成批大量生产中，分摊到每个零件中的费用反而有所降低。因此在选用时一定要综合考虑。

3. 常用的刀具材料

常用的刀具材料有工具钢、高速钢、硬质合金、陶瓷和超硬刀具材料，目前用得最多的是高速钢和硬质合金。

1）高速钢

高速钢是一种加入了较多的钨、铬、钒、铝等合金元素的高合金工具钢，有良好的综合性能，其强度和韧性是现有刀具材料中最高的。高速钢的制造工艺简单，容易刃磨成锋利的切削刃；锻造、热处理变形小，目前在复杂的刀具（如麻花钻、丝锥、拉刀、齿轮刀具和成形刀具）制造中，占有主要地位。高速钢可分为普通高速钢和高性能高速钢。

普通高速钢（如 W18Cr4V）广泛用于制造各种复杂刀具。其切削速度一般不太高，切削普通钢料时为 40 ~ 60 m/min。

高性能高速钢（如 W12Cr4V4Mo）是在普通高速钢中再增加一些含碳量、含钒量及添加钴、铝等元素冶炼而成的。它的耐用度为普通高速钢的 1.5 ~ 3 倍。

粉末冶金高速钢是 20 世纪 70 年代投入市场的一种高速钢，其强度与韧性分别提高了 30% ~ 40% 和 80% ~ 90%，耐用度可提高 2 ~ 3 倍。粉末冶金高速钢目前在我国尚处于试验研究阶段，生产和使用尚少。

2）硬质合金

硬质合金可分为 P、M、K 三类，P 类硬质合金主要用于加工长切屑的黑色金属，用蓝色作标志；M 类主要用于加工黑色金属和有色金属，用黄色作标志，又称通用硬质合金；K 类主要用于加工短切屑的黑色金属、有色金属和非金属材料，用红色作标志。

P、M、K 后面的阿拉伯数字表示其性能和加工时承受载荷的情况或加工条件。数字越小，硬度越高，韧性越差。

P 类相当于我国原钨钛钴类，代号为 YT，如 YT5、YT10、YT15。

K 类相当于我国原钨钴类，代号为 YG，如 YG3、YG6、YG8。

M 类相当于我国原钨钛钽钴类通用合金，代号为 YW。

4. 车刀分类

车刀是一种单刃刀具，其种类很多，分类方法也有多种。

（1）车刀按用途不同可分为直头外圆车刀、弯头车刀、端面车刀、切断刀、镗孔车刀、螺纹车刀等，如图 4.2.1 所示。

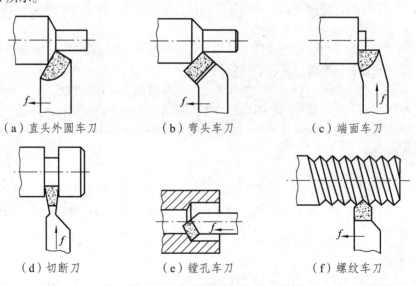

（a）直头外圆车刀　　（b）弯头车刀　　（c）端面车刀

（d）切断刀　　（e）镗孔车刀　　（f）螺纹车刀

图 4.2.1　常用车刀种类

（2）车刀按结构形式不同可分为整体式车刀、焊接式车刀和机夹式车刀。

整体式车刀的切削部分与夹持部分材料相同，用于车削有色金属和非金属材料，如高速钢车刀。

焊接式车刀的切削部分与夹持部分材料不同。切削部分材料多以刀片形式焊接在刀杆上，如常用的硬质合金刀具，焊接式车刀适用于各类车刀，特别是较小的刀具。

机夹式车刀分为机械夹固重磨式和不重磨式两种。重磨式车刀用钝后可重磨；不重磨式车刀的切削刃用钝后可快速转位再用，也称机夹可转位式刀具，适用于自动化生产线和数控车床。机夹式车刀避免了刀片因焊接产生的应力、变形等缺陷，刀杆利用率高。

5. 车刀的安装

车刀如果安装不当，就会影响工件的加工质量，所以车刀使用时必须正确安装，具体要求如下：

（1）车刀伸出刀架部分不能太长。一般车刀伸出刀架的长度不超过刀杆高度的 2 倍，否则切削时刀杆的刚度减弱，容易产生振动，使车出的工件表面粗糙度增加或刀具损坏。

（2）车刀刀尖应与工件轴线等高，刀尖高于工件中心，会使车刀的实际后角增大，后刀面与工件之间的摩擦增大；刀尖装得太低，会使刀具前角减小，切削不顺利。安装车刀的时候可以用尾座的顶尖高度来调整刀尖的高度，或者试车端面，根据端面的中心进行调整。

（3）装夹车刀时，刀杆中心线应与进给方向垂直，否则会使车刀的主偏角和副偏角的数值发生变化。

（4）调整车刀时，刀柄下面的垫片要平整洁净，垫片应与刀架对齐，数量不宜太多，以 1～3 片为宜，车刀至少要用两个螺钉压在刀架上，并逐个轮流拧紧。

第三节 车削加工工艺

一、实训目的

（1）掌握车床各操作手柄的使用；
（2）掌握试车法；
（3）掌握车削外圆、端面、圆锥、成形面、螺纹以及切断的方法。

二、实训准备知识

1. 刻度盘及其手柄的使用

中拖板的刻度盘和丝杠相连，丝杠螺母与中拖板固定在一起。当中拖板手柄带动刻度盘转动 1 周时，丝杠相应地也转过 1 圈，这时螺母带动中拖板移动 1 个螺距。因此，中拖板移动的距离可根据刻度盘上的格数来计算。

刻度盘转 1 格刀架在横向移动的距离 = 丝杠螺距/刻度盘格数（mm）。

C6132 型车床中拖板丝杠的螺距是 4 mm。中拖板刻度盘等分为 200 格，故刻度盘每转过 1 格，中拖板带动刀架在横向移动的距离是 4÷200 = 0.02（mm）。刻度盘每转 1 格，拖板带动车刀在工件的半径方向横向移动 0.02 mm，即被吃刀量为 0.02 mm，相应地零件直径减小 0.04 mm。简单地说就是刻度盘上的刻度每变化 1 格，工件的直径变化是 0.04 mm。

2. 试切法

试切是车削零件达到所要求直径尺寸的关键，为了保证零件径向尺寸精度，开始车削时，应进行试切，如图 4.3.1 所示。

第一步：启动车床，开车对刀，使刀尖与零件表面轻微接触，确定刀具与零件的接触点，作为进刀的起始点，然后向右退回车刀，记下刻度盘上的数值，如图 4.3.1（a）、（b）所示。

第二步：按背吃刀量或零件直径要求，根据中拖板刻度盘上的数值横向进给，并手动纵向切削 1～3 mm，然后向右退回车刀，如图 4.3.1（c）、（d）所示。

第三步：用游标卡尺或千分尺进行测量，如果尺寸合格，就按照该切削深度将整个表面加工完；如果尺寸偏大或偏小，就重新进行试切，直到尺寸合格为止，如图 4.3.1（e）、（f）所示。

第四步：零件加工完后要进行测量检验，以确保零件的质量。

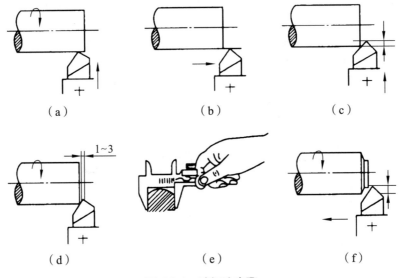

（a）　　　　　　　　（b）　　　　　　　　（c）

（d）　　　　　　　　（e）　　　　　　　　（f）

图 4.3.1　试切法步骤

注意：由于丝杠和螺母之间存在间隙，会产生空行程现象，所以刻度盘手柄必须慢慢地转动，以便对准位置；如果不慎转过了位置，不能简单地退回到所需刻度，必须向进给的反方向退回全部行程后，再向进给方向转过所需的刻度。

三、典型零件车削工艺

1. 车外圆

车外圆时一般可分为粗车和精车。粗车的目的是切去毛坯硬皮和大部分的加工余量，精车的目的是达到零件的工艺要求。车外圆必须掌握以下要点：

（1）无论是粗车或精车，都必须进行试切，试切的方法如前所述。

（2）试切零件到正确尺寸后，可手动或机动进给进行车削。

（3）车削工件达到外圆长度时，停止进给，摇动中拖板的手柄，横向退出车刀，并将刀架退回到原位，最后停车。

2. 车端面

车端面时刀具做横向进给，越向中心车削速度越小，当刀尖达到工件中心时，车削速度为零，故切削条件比车外圆要差。车刀安装时，刀尖应严格对准工件旋转中心，否则工件中心余料难以切除；并尽量从中心向外走刀，必要时锁住大拖板。车削端面如图 4.3.2 所示。

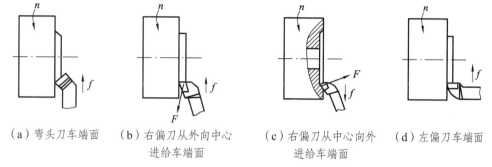

（a）弯头刀车端面　（b）右偏刀从外向中心　（c）右偏刀从中心向外　（d）左偏刀车端面
　　　　　　　　　　　　进给车端面　　　　　　　　进给车端面

图 4.3.2　端面车削方法

车削端面的操作要点：

（1）手动车削端面时，手动进给速度应均匀。

（2）机动车削端面时，当车刀刀尖到端面中心附近时应停止机动进给，改用手动进给，车到中心后，车刀应迅速退回。

（3）精车端面时，当车刀车到中心时，为防止车刀退回时拉伤表面，应先将车刀纵向退出，再横向退刀。

3. 车台阶

很多的轴、盘、套类零件上有台阶面。台阶面是有一定长度的圆柱面和端面的组合。台阶的高、低由相邻两段圆柱体的直径所决定，安装车刀的时候应使车刀主切削刃垂直于零件的轴线或与零件的轴线约呈 95° 夹角。

车台阶的操作步骤如下：

（1）当台阶的高度小于 5 mm 时，应使车刀主切削刃垂直于零件的轴线，台阶可以一次车完，如图 4.3.3（a）所示。

（2）当台阶高度大于 5 mm 时，应使车刀主切削刃与零件轴线夹角约呈 95° 夹角，分层纵向进给切削，最后一次纵向车削时，车刀刀尖应紧贴台阶端面横向退出，这样才能车出 90° 台阶。如图 4.3.3（b）、（c）所示。

（3）为了保证台阶的长度符合要求，可用钢直尺或游标卡尺直接在工件上量取台阶长度，并用刀尖刻出线痕，以此线痕作为加工界线；这种方法不够准确，划线痕时应留出一定加工余量。

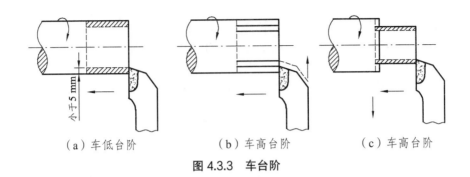

（a）车低台阶   （b）车高台阶   （c）车高台阶

图 4.3.3　车台阶

4. 切　断

切断是将坯料或工件从夹持端上分离下来。切断刀刀头长，刚性差，切削过程排屑困难，容易将刀具折断。切断操作要点如下：

（1）刀尖必须与工件中心等高，切断刀不宜伸出过长，切削部位尽量靠近卡盘，以增加工件切削部分的刚性，减小切削时的振动。

（2）正确安装切断刀，切断刀的中心线应与工件轴线垂直。

（3）切削速度应低些，主轴和刀架各部分配合间隙要小，以免切削过程中产生振动，影响切断质量甚至刀具断裂。

（4）手动进给速度要均匀。快切断时，应放慢进给速度，以防刀头折断。

5. 钻　孔

在车床上钻孔时，工件的回转运动为主运动，尾座上的套筒推动钻头所做的纵向移动为进给运动，如图 4.3.4 所示。

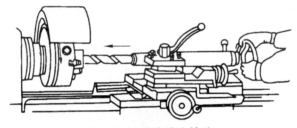

图 4.3.4　在车床上钻孔

钻孔的操作步骤如下：

（1）车平端面。为便于钻头定心，防止钻偏，应先将工件端面车平。

（2）预钻中心孔。用中心钻在工件中心处先钻出麻花钻定心孔，或用车刀在工件中心处车出定心小坑。

（3）装夹钻头。选择与所钻孔直径对应的麻花钻，麻花钻工作部分长度略长于孔深。

（4）调整尾座纵向位置。松开尾座锁紧装置，移动尾座直至钻头接近工件，将尾座锁紧在床身上。此时要考虑加工时套筒伸出不要太长，以保证尾座的刚性。

（5）开车钻孔。钻孔是封闭式切削，散热困难，容易导致钻头过热，所以，钻孔的切削速度不宜高，开始钻削时进给要慢一些，然后以正常进给量进给，通过尾座套筒上的刻度控制钻孔深度。

（6）当钻入工件 2 ~ 3 mm 时，应及时退出钻头，停车检查、测量孔是否符合要求。

（7）钻深孔时，手动进给时速度要均匀，并经常退出钻头，以清除切屑，同时，应向孔中注入充分的切削液。对于精度要求不高又较长的工件，需要钻孔时，可采用调头钻孔的方法，先在工件的一端将孔钻至大于工件长度的1/2，之后再调头装夹校正，将另一半钻通。

（8）钻削完毕后，先将钻头退出，然后停车。

6. 车成形面

在回转体上有时会出现母线为曲线的回转表面，如手柄、手轮、圆球等，这些表面称为成形面。成形面的车削方法有手动法、成形车刀法、靠模法、数控法等。

1）手动法

操作者双手同时操纵中拖板和大拖板手柄移动刀架，使刀尖运动的轨迹与要形成的回转体成形面的母线尽量相符合。通过反复加工、检验、修正，最后形成要加工的成形表面。手动法加工简单方便，但对操作者技术要求高，而且生产效率低，加工精度低，一般适用于单件小批量生产。

2）成形车刀法

切削刃形状与工件表面形状一致的车刀称为成形车刀。用成形车刀切削时，只要做横向进给就可以车出工件上的成形表面。用成形车刀车削成形面，工件的形状精度取决于刀具的精度，加工效率高，但由于刀具切削刃长，加工时的切削力大，加工系统容易产生变形和振动，要求机床有较高的刚度和切削功率。成形车刀制造成本高，且不容易刃磨。因此，成形车刀法适用于成批、大量生产。

3）靠模法

靠模法加工采用普通的车刀进行切削，刀具实际参加切削的切削刃不长，切削力与普通车削相近，变形小，振动小，工件的加工质量好，生产效率高，但靠模的制造成本高。靠模法车成形面主要用于成批或大量生产。

4）数控法

数控车床刚性好，制造和对刀精度高，可以方便地进行人工和自动补偿，所以能加工尺寸精度要求较高的零件，在有些场合可以以车代磨，利用数控车床的直线和圆弧插补功能，车削由任意直线和曲线组成的形状复杂的回转体零件。

7. 车螺纹

螺纹的种类有很多，按牙型分有三角形、梯形、方牙螺纹等；按标准分有米制、英制。米制螺纹牙型角为60°，用螺距或导程来表示；英制三角螺纹牙型角为55°。在车床上能车削各种螺纹，现以车削普通螺纹为例予以说明。

在车床上车削螺纹的实质就是使车刀纵向进给量等于螺距。为保证螺距的精度，需要使用丝杠及开合螺母带动刀架完成进给运动。螺纹有一定的深度，需要多次车削才能完成，在多次走刀的过程中，必须保证车刀每次都落入已切出的螺纹槽内，否则就会发生"乱扣"现象。

当丝杠的螺距是零件螺距的整数倍时，可任意打开合上开合螺母，车刀总会落入原来已切出的螺纹槽内。若不是整数倍时，多次走刀和退刀时，都不能打开开合螺母，否则将发生"乱扣"现象。

车削外螺纹的步骤如下：

（1）选择并安装螺纹车刀，根据所加工螺纹的材料、切削速度等选择合适的车刀。

（2）查表确定螺纹牙型高度，确定走刀次数和各次走刀的横向进给量。

（3）开动车床，使车刀的刀尖与工件表面轻微接触，记下刻度盘的读数，向右退出车刀，如图4.3.5（a）所示。

（4）合上开合螺母，在工件表面上车出一条浅螺旋线，横向退出车刀，停车，如图4.3.5（b）所示。

（5）开反车使车刀退到工件右端，停车，用游标卡尺或钢直尺检查螺距是否符合要求，如图4.3.5（c）所示。

（6）利用刻度盘调整背吃刀量，开车切削，如图4.3.5（d）所示。

（7）车刀将至行程终点时做好退刀停车准备，先快速退回车刀，然后停车，开反车退回刀架，如图4.3.5（e）所示。

（8）再次横向进给，继续切削，按照图4.3.5（f）所示路线循环。

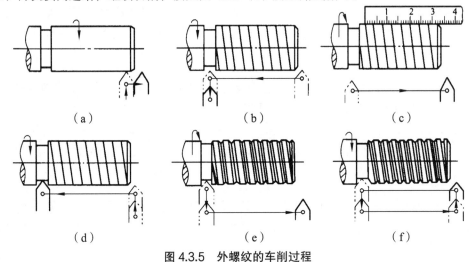

图 4.3.5　外螺纹的车削过程

车螺纹的进给方法有直进刀法和斜进刀法。直进刀法是用中拖板横向进刀，两切削刃和刀尖同时参与切削，这种方法操作简便，能保证螺纹牙型精度，但车刀受力大，散热差，排屑难，刀尖容易磨损，适用于车削脆性材料、小螺距螺纹和精车螺纹。斜进刀法是用中拖板横向进刀和小拖板纵向进刀相配合，使车刀只有一个切削刃参与切削，车刀受力小，散热、排屑有所改善，可提高生产率。但螺纹牙型的一侧表面粗糙度值较大，所以在最后一刀要留有余量，用直进法进刀修光牙型两侧，这种方法适用于塑性材料和大螺距螺纹的粗车。

第四节　车工综合实训

一、实训目的

（1）根据图样编制典型车削零件的加工工艺；

（2）练习车削端面、外圆、成形面、切断和钻孔等各项操作技能；

（3）了解各种车刀的使用场合。

二、实训准备知识

（1）根据图样编制合理的加工工艺；

（2）准备好加工零件所用的刀具、量具。

三、实训示例

1. 锉刀柄的车削

锉刀柄图样如图 4.4.1 所示，材料为木质，采用双手协调法车削。

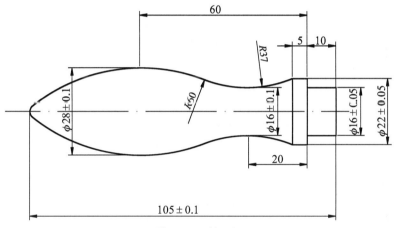

图 4.4.1　锉刀柄

车削步骤如下：

（1）装夹工件：将毛坯用三爪卡盘装夹，找正、夹紧并用顶针将工件顶住。

（2）粗车毛坯：将坯料车至直径 ϕ30 mm、长度>115 mm。

（3）车 ϕ16 mm、长度 10 mm。

（4）车 ϕ22 mm、长度 5 mm（该圆柱可车长一些，以便后续加工，可车 20 mm 长）。

（5）粗车 R37 圆弧段：车圆弧之前，将圆弧的最高点、最低点和总长度做标记，以防车削时工件的形状走样。

（6）粗车 R 60 圆弧段。

（7）精车圆弧：将圆弧处 ϕ22 mm、ϕ16 mm 车至符合要求。

（8）切断：将多余的部分切除，切断时，应双手协调控制刀架，使切断刀走过圆弧轨迹，如同车圆弧一样，将零件切断。

双手协调法车削锉刀柄时，在车削圆弧的时候要注意双手转动车床操作手柄的方法，双手和手轮的接触面积应尽可能大，这样可以方便地控制手轮的转速，根据圆弧的弧度随时改变进给速度。

2. 铰链的车削

铰链图样如图 4.4.2 所示，材料为低碳钢。

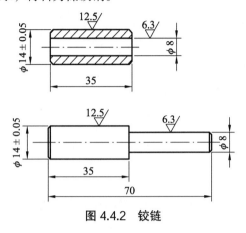

图 4.4.2 铰链

铰链是配合件，需要车削套筒和轴。套筒的内孔使用麻花钻进行钻削，车削时，应先车削套筒，然后根据所钻孔的孔径，车削与之相配合的轴。

其车削步骤如下：

1）车套筒

① 装夹工件：用三爪卡盘装夹工件，伸出长度约 45 mm。

② 车端面：车削套筒的右端面，并钻中心孔（或用车刀在端面中心车一小坑）作为钻孔时钻头的定位孔。

③ 车削外圆 ϕ14 mm，长度 38 mm，并倒角。

④ 用 ϕ8 mm 的钻头进行钻孔，钻孔深度 40 mm。

⑤ 切断：切断工件的长度为 36 mm。

⑥ 工件调头轻轻装夹（工件可用纱布包裹后装夹，以防夹伤已加工表面），车平端面至套筒长度 $H = 35$ mm，并倒角。

2）车 轴

① 装夹工件：用三爪卡盘装夹工件，伸出长度约 80 mm。

② 车削轴的右端面。

③ 车削外圆 ϕ8 mm（车削时，须用游标卡尺测量套筒的内孔实际孔径，根据孔径加工该段圆柱），长度 35 mm。

④ 车削外圆 ϕ14 mm 至图样要求，轴的总长车至约 73 mm。

⑤ 切断：保证切下轴的长度约 71 mm。

⑥ 将轴调头装夹，车端面，倒角，车削至总长度为 70 mm。

3. 锥体加工

1）加工步骤

锥体图样如图 4.4.3 所示，其加工步骤如下：

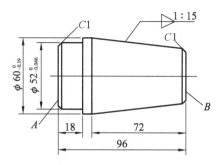

材料：HT150 ϕ 65×100 mm

图 4.4.3　锥体

① 用三爪自定心卡盘夹持毛坯外圆，伸出长度 25 mm 左右，校正并夹紧。

② 车端面 A；粗、精车外圆 ϕ 52 mm 至图样要求，长 18 mm 至要求，倒角 C1。

③ 调头夹持 ϕ 52 mm 外圆，长 15 mm 左右，校正并夹紧。

④ 车端面 B，保持总长 96 mm，粗、精车外圆 ϕ 60 mm 至图样要求。

⑤ 小滑板逆时针转动圆锥半角（$\alpha/2 = 1°54'33''$），粗车外圆锥面。

⑥ 用万能角度尺检测圆锥半角并调整小滑板转角。

⑦ 精车圆锥面至尺寸要求。

⑧ 倒角 C1，去毛刺。

⑨ 检查各尺寸合格后卸下工件。

2）注意事项

① 车刀必须对准工件旋转中心，避免产生双曲线误差，可通过把车刀对准圆锥体零件端面中心来对刀。

② 单刀刀刃要始终保持锋利，工件表面一刀车出。

③ 应两手握小拖板手柄，均匀移动小拖板。

④ 要防止扳手在扳小拖板紧固螺帽时打滑而撞伤手。粗车时，吃刀量不宜过长，应先校正锥度，以防工件车小而报废，一般留精车余量 0.5 mm。

⑤ 在转动小拖板时，应稍大于圆锥斜角口，然后逐次校准，当小拖板角度调整到相差不多时，只需把紧固螺母稍松一些，用左手大拇指放在小拖板转盘和刻度之间，消除中拖板间隙，用铜棒轻轻敲击小拖板所需校准的方向，使手指感到转盘的转动量，这样可较快地校正锥度。

⑥ 小拖板不宜过松，以防工件表面车削痕迹粗细不一。

第五章　铣削加工

第一节　铣床及铣床的应用

一、实训目的

（1）了解铣削加工的特点及应用范围；
（2）了解铣床的型号及意义；
（3）了解铣床的组成及各部件的作用；
（4）了解铣床各操作手柄的作用和操作方法。

二、实训准备知识

1. 铣削的应用和铣削加工的特点

机械加工中，铣削加工是除了车削加工之外用得较多的一种加工方法，可以加工各种平面、斜面、垂直面、沟槽以及成形面。图 5.1.1 所示为常见的铣削加工方式。

（a）圆柱铣刀铣平面　　　（b）三面刃铣刀铣直槽　　　（c）锯片铣刀切断　　　（d）成形铣刀铣螺旋槽

（e）模数铣刀铣齿轮　　　（f）角度铣刀铣角度　　　（g）面铣刀铣平面　　　（h）立铣刀铣直槽

（i）键槽铣刀铣键槽　　（j）指状模数铣刀铣齿轮　　（k）燕尾槽铣刀铣燕尾槽　　（l）T 形槽铣刀铣 T 形槽

图 5.1.1　常见的铣削加工方式

在铣削加工中，铣刀的旋转是主运动，提供切削所需要的动力；工件相对铣刀做的直线或曲线运动为进给运动。

铣削方法通常有顺铣法和逆铣法。顺铣法是指工件的进给方向与铣刀的旋转方向一致的加工方法；顺铣法铣削精度高，适用于精加工。逆铣法是指工件的进给方向与铣刀的旋转方向相反的加工方法；逆铣法适用于工件表面有硬皮以及粗加工场合。

铣削加工的尺寸精度为 IT8 ~ IT7，表面粗糙度 Ra 值为 3.2 ~ 1.6 μm。若以高的切削速度、小的吃刀量对非铁金属进行精铣，表面粗糙度 Ra 值可达 0.4 μm。

2. 铣削加工的特点

（1）生产率高。铣刀是多齿刀具，铣削时有多条切削刃同时参与切削，采用硬质合金镶片刀具，采用较大的切削用量，可以获得比较高的生产率。

（2）刀齿散热条件好。铣削加工是断续切削，切削刃的散热条件较好，但刀齿在切入时热的变化及冲击将加速刀具磨损，甚至会引起刀片的破裂。

（3）容易产生振动。铣刀刀齿不断切入切出工件，切削力不断变化，容易产生振动，影响加工质量。

（4）加工成本高。铣床结构复杂，铣刀制造和刃磨都比较困难，使得加工成本较高。

3. 铣　床

在现代机器制造中，铣床约占金属切削机床总数的 25%。铣床的种类很多，常用的是万能卧式升降台铣床、立式升降台铣床、龙门铣床及数控铣床等。

1）万能卧式升降台铣床

（1）卧式铣床的型号。

万能卧式升降台铣床简称万能铣床，是铣床中应用较多的一种，如图 5.1.2 所示，它的主轴

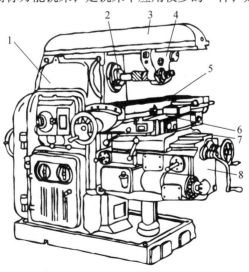

图 5.1.2　X6132 型万能卧式升降台铣床

1—床身；2—主轴；3—横梁；4—挂架；5—工作台；6—转台；7—横向溜板；8—升降台

是水平放置的，与工作台面平行。型号 X6132 的含义如下：

X——机床类别代号（铣床类）；

61——机床组系代号（万能卧式升降台铣床）；

32——主参数代号（工作台台面宽度 320 mm）。

（2）X6132 型铣床主要组成部分及其作用。

床身：用来支承和固定铣床上所有的部件。内部装有主轴、主轴变速箱、电气设备及润滑油泵等部件。顶面上有供横梁移动用的水平导轨。前臂有燕尾形的垂直导轨，供升降台上、下移动。

主轴：用来安装刀杆并带动铣刀旋转的。主轴做成空心，前端有锥孔以便安装刀杆锥柄。

横梁：其上装有支架，用以支持刀杆的外端，以减少刀杆的弯曲和颤动。横梁伸出的长度可根据刀杆的长度调整。

升降台：位于工作台、转台、横向溜板的下面，并带动它们沿床身垂直导轨移动，以调整台面到铣刀间的距离。升降台内部装有进给运动的电动机及传动系统。

横向溜板：用以带动工作台沿升降台的水平导轨做横向运动，在对刀时调整工件与铣刀间的横向位置，同时还允许工作台在水平面内转动 ±45°。

工作台：用来安装工件和夹具，台面上有 T 形直槽，槽内放进螺栓就可以紧固工件和夹具。工作台的下部有一根传动丝杠，通过它使工作台带动工件做纵向进给运动。

2）立式升降台铣床

立式升降台铣床简称立式铣床。立式铣床的主轴与工作台台面相垂直，这是它与卧式铣床的主要区别。有时根据加工需要，可将立铣头（包括主轴）左右扳转一定的角度，以便加工斜面等。由于操作立式铣床时观察、检查和调整铣刀位置等都比较方便，又便于装夹硬质合金端铣刀进行高速铣削，因此立式铣床生产率较高，应用很广。立式铣床结构如图 5.1.3 所示。

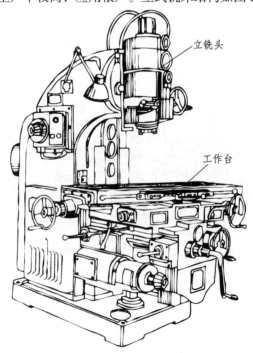

图 5.1.3　X5032 型立式铣床

第二节 铣刀及其安装

一、实训目的

（1）了解铣刀的分类方法；

（2）了解各种铣刀的作用；

（3）掌握在铣床上安装铣刀的方法。

二、实训准备知识

1. 铣刀的分类

铣刀实质上是一种由几把单刃刀具组成的多刃标准刀具，其主、副切削刃根据其类型和结构不同分别分布在外圆柱面和端平面上。

铣刀的分类方法很多，根据铣刀的安装方法不同，可分为带孔铣刀和带柄铣刀两大类。

带孔铣刀多用于卧式铣床上，用于加工平面、直槽、切断、齿形和圆弧形槽。常用的带孔铣刀有圆柱铣刀、锯片铣刀、模数铣刀等，如图 5.2.1 所示。

（a）圆柱铣刀　　　　（b）三面刃铣刀　　　　（c）锯片铣刀　　　　（d）模数铣刀

（e）单角度铣刀　　　　（f）双角度铣刀　　　　（g）凸圆弧铣刀　　　　（h）凹圆弧铣刀

图 5.2.1　带孔铣刀

带柄铣刀按刀柄形状不同分为直柄和锥柄两种，常用的有镶齿面铣刀、立铣刀、键槽铣刀、T 形槽铣刀和燕尾槽铣刀等，如图 5.2.2 所示。带柄的铣刀多用在立式铣床上，用于加工平面、台阶面、沟槽、键槽、T 形槽、燕尾槽等。

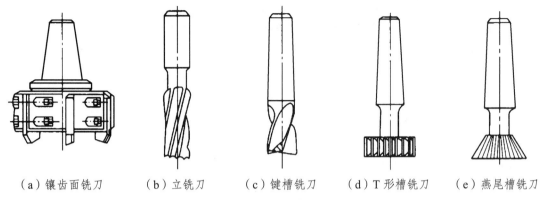

（a）镶齿面铣刀　　（b）立铣刀　　（c）键槽铣刀　　（d）T形槽铣刀　　（e）燕尾槽铣刀

图 5.2.2　带柄铣刀

三、铣刀的安装方法

1. 带孔铣刀的安装

带孔铣刀各组成部分如图 5.2.3 所示。

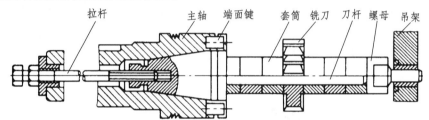

图 5.2.3　带孔铣刀的组成部分

在卧式铣床上安装带孔铣刀时，应按照以下步骤进行：

（1）将刀杆插入主轴锥孔中，使刀杆凸缘上的键槽与主轴的端面键相嵌；将铣刀装在刀杆上，安装时，铣刀应尽量靠近主轴端，以增加系统刚性，如图 5.2.4（a）所示。

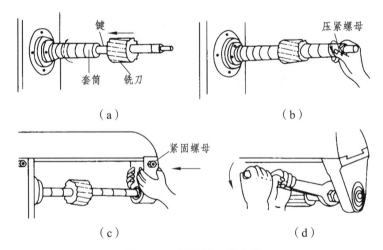

（a）　　　　　　　　　（b）

（c）　　　　　　　　　（d）

图 5.2.4　圆柱铣刀的安装

（2）在刀杆上铣刀的两侧套上几个套筒，套筒的端面与铣刀的端面必须擦拭干净，以保证铣刀端面与刀杆的垂直度并拧上螺母，螺母不要拧得太紧，以免刀杆受力弯曲，如图5.2.4（b）所示。

（3）将铣床的吊架装上，锁紧紧固螺母，如图5.2.4（c）所示。

（4）将刀杆上的螺母用扳手锁紧，如图5.2.4（d）所示。

2. 带柄铣刀的安装

（1）安装锥柄立铣刀时，如果锥柄立铣刀的锥度与主轴孔锥度相同，可以直接装入铣床主轴中拉紧螺杆将铣刀拉紧。如果锥柄立铣刀的锥度与主轴孔锥度不同，则需要利用大小合适的变锥套筒将铣刀装入主轴锥孔中，如图5.2.5（a）所示。

（2）直柄立铣刀多采用弹簧夹头安装，更换不同孔径的弹簧套，可以安装直径不同的铣刀。安装时，铣刀的直柄要插入弹簧套的光滑圆孔中，然后旋转螺母以挤压弹簧套的端面，使弹簧套的外锥面受压而孔径缩小，夹紧直柄铣刀，如图5.2.5（b）所示。

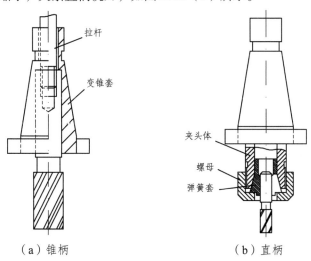

（a）锥柄　　　　　　　　　　（b）直柄

图5.2.5　带柄铣刀的安装

第三节　铣床附件及工件的安装

一、实训目的

（1）了解分度头的结构及使用方法；

（2）了解在铣床上装夹零件的方法。

二、实训准备知识

铣床的附件主要有分度头、平口钳、回转工作台等。其中分度头是铣床上比较典型的附件。

1. 分度头

在铣削加工中，经常遇到铣削正多面体、花键、离合器、齿轮等，工件每铣过一个面或一个槽后需要转过一个角度，再铣削第二面或第二槽，依此类推，此称为分度。分度头是在铣床上用来分度的机构。

1）万能分度头的组成

万能分度头的组成如图 5.3.1 所示，分度头的主轴可以经其传动机构在垂直平面内转动，分度头上的分度盘两面有若干圈数目不等的小孔。转动分度手柄，可通过分度头内部的蜗轮副带动分度头主轴旋转，从而进行分度。主轴前端常装有三爪卡盘或顶尖，用以装夹工件。

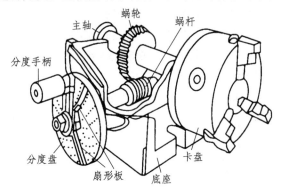

图 5.3.1　万能分度头的组成

FW250 型分度头是一种常用的分度头，它通过一对传动比为 1∶1 的直齿圆柱齿轮及一对传动比为 1∶40 的蜗杆副使主轴旋转。当分度手柄转过 40 圈时，主轴转过 1 圈，传动比为 1∶40，40 就称为分度头的定数。

分度手柄转过的圈数 n 和工件圆周的等分数 z 的关系是：$n = 40/z$。

2）分度方法

用分度头分度的方法有简单分度法、角度分度法、差动分度法等，其中简单分度法是最常用的。简单分度法就是根据式 $n = 40/z$ 进行计算的。

例如：铣齿数 $z = 36$ 的齿轮，每铣削完一个齿，分度手柄转过的圈数为

$$n = \frac{40}{z} = \frac{40}{36} = 1\frac{1}{9}$$

分度手柄的转数是借助分度盘上的孔眼来确定的，分度盘正、反面有许多孔数不同的孔圈，FW250 型分度头有两块分度盘，各圈孔数见表 5.3.1。

表 5.3.1　FW250 型分度盘孔数表

第一块	正面	24	25	28	30	34	37
	反面	38	39	41	42	43	
第二块	正面	46	47	49	51	53	54
	反面	57	58	59	62	66	

分度时，分度头固定不动，将分度手柄上的定位销拔出，调整到孔数为 9 的倍数的孔圈上，在该例中，即手柄的定位销插在孔数为 54 的孔圈上，此时，手柄转过 1 圈后，再沿孔数为 54 个孔的孔圈转过 6 个孔距，即 $n = 1\frac{1}{9} = 1\frac{6}{54}$，这样主轴每次就可以准确地转过 $1\frac{1}{9}$ 圈。为了避免每次数孔的烦琐和确保手柄每次转过的孔距数可靠，可利用扇形板。扇形板装在分度盘面上，扇形板组成的夹角大小可以按所需孔距数调节，使夹角正好等于分子的孔距数，这样依次进行分度时，就可以方便快捷，准确无误。但是当转角超过时，必须反转消除间隙。

2. 工件的安装

　　铣床上常用平口钳、压板螺栓和分度头及尾座安装工件，安装方法如图 5.3.2 所示。

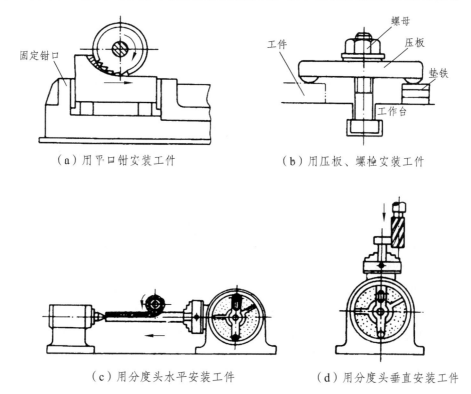

（a）用平口钳安装工件　　　　　　（b）用压板、螺栓安装工件

（c）用分度头水平安装工件　　　　　（d）用分度头垂直安装工件

图 5.3.2　铣床上常用的工件安装方法

第四节　常见形面的铣削方法

一、实训目的

（1）了解铣削平面、斜面、T 形槽、齿轮的方法；

（2）掌握铣床各操作手柄的使用；

（3）根据零件图样编制零件合理的加工工艺。

二、实训准备知识

（1）了解铣床的组成结构（参见本章第一节）；

（2）根据加工要求选择合适的铣刀（参见本章第二节）；

（3）根据所需加工零件选择合理的加工方法（参见本章第三节）。

三、各种形面的铣削方法

1. 铣平面

在铣床上铣削平面常用两种方法，即在立式铣床上用端铣刀进行铣削和在卧式铣床上用圆柱铣刀进行铣削。

1）在立式铣床上用端铣刀铣削平面的步骤

① 安装好刀具和工件，一般小型工件用平口钳装夹，大型零件用压板螺栓装夹。

② 根据刀具和工件的材料及零件的表面质量，调整好铣床的转速。调节转速时打开微动开关，调节转速盘，转速调节完毕后将微动开关扳动至原来位置。

③ 将工件移动至主轴正下方，将横向工作台的锁紧手柄合上。

④ 开启机床，在刀具旋转的情况下，缓慢升高工作台，使铣刀的最低点轻轻接触工件的最高点，并在升降工作台的刻度盘上做记号。

⑤ 降下工作台，纵向退出工件。

⑥ 摇动升降台手柄，确定铣削的深度。

⑦ 开启纵向自动进给手柄，利用纵向自动进给加工零件。

⑧ 重复⑤、⑥、⑦，直到达到尺寸要求。

⑨ 卸下工件，去除毛刺，检查工件尺寸是否达到零件图纸规定要求。

2）在卧式铣床上用圆柱铣刀铣的平面的步骤

① 安装好刀具和工件后，启动机床，使铣刀旋转；摇动升降台进给手柄，使工件缓慢上升，当铣刀和工件轻微接触后，在升降台刻度盘上做记号。

② 降下工作台，纵向退出工件。

③ 利用升降台的刻度盘将工件升高到设定的铣削深度位置，锁紧升降台和横向进给手柄。

④ 先用手动使工作台纵向进给，当工件被切入后，开动自动进给。

⑤ 铣削完毕，停车，摇动升降台手柄，降下工作台。

⑥ 退回工作台，测量工件尺寸，重复铣削直到满足要求。

具体参见图 5.4.1。

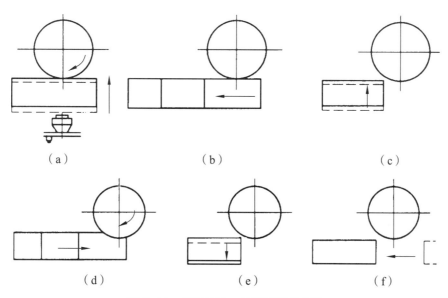

（a）　　　　　　　　　　（b）　　　　　　　　　　（c）

（d）　　　　　　　　　　（e）　　　　　　　　　　（f）

图 5.4.1　用圆柱铣刀铣削平面的步骤

2. 铣斜面

铣削斜面的方法很多，常用的方法有以下几种：

（1）用倾斜垫铁铣斜面。在零件的设计基准下面垫一块倾斜的垫铁，使工件倾斜放置，这样铣出来的平面就与零件的设计基准倾斜，改变垫铁的角度，就可以加工出不同的零件斜面，如图 5.4.2（a）所示。

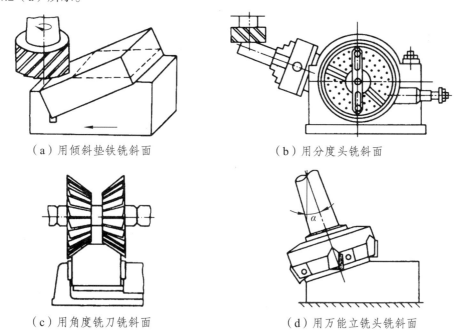

（a）用倾斜垫铁铣斜面　　　　　　　　　（b）用分度头铣斜面

（c）用角度铣刀铣斜面　　　　　　　　　（d）用万能立铣头铣斜面

图 5.4.2　铣削斜面的方法

（2）使用分度头铣斜面。在一些圆柱形和特殊形状的零件上加工斜面时，可利用分度头将工件转成所需位置进行斜面铣削，如图 5.4.2（b）所示。

（3）用角度铣刀铣斜面。一些比较小的斜面可以用合适的角度铣刀直接铣削，如图 5.4.2（c）所示。

（4）用万能立铣头铣斜面。万能立铣头能方便地改变铣刀的空间位置，使铣刀相对于工件倾斜一个角度，这样就可以铣出所需斜面，如图 5.4.2（d）所示。

铣斜面和铣平面的操作步骤基本相同，不同之处在于工件或铣刀所处的空间位置。

3. 铣 T 形槽

T 形槽一般是放置紧固螺栓用的，铣削前必须找正工件的位置，使 T 形槽与工作台进给方向以及工作台台面平行。铣削步骤如下：

（1）铣削直槽。在立式铣床上用立铣刀（或在卧式铣床上用盘铣刀）铣出宽度与槽口相等、深度与 T 形槽深度相等的直槽，如图 5.4.3（a）所示。

（2）铣 T 形槽。拆下直槽铣刀，装上 T 形槽铣刀，把 T 形槽铣刀的端面调整到与直角槽的槽底相接触，然后开始铣削，如图 5.4.3（b）所示。

（3）槽口倒角。如果 T 形槽槽口处要求倒角，应在铣削后拆下 T 形槽铣刀，装上角度铣刀倒角，如图 5.4.3（c）所示。

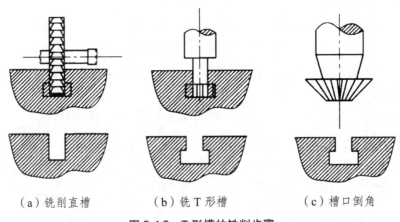

（a）铣削直槽　　　　　　（b）铣 T 形槽　　　　　　（c）槽口倒角

图 5.4.3　T 形槽的铣削步骤

铣 T 形槽的注意事项如下：

（1）铣削时铣削用量不能过大，防止折断铣刀；及时刃磨铣刀，保持刃口锋利。

（2）铣削 T 形槽时排屑比较困难，经常会把容屑槽填满而使铣刀不能切削，以至于铣刀折断，所以必须经常清除切屑。

（3）铣削时排屑不畅，切削时热量不易散失，铣刀容易发热，所以在铣削钢制材料时，应充分浇注切削液。

（4）T 形槽铣刀颈部直径比较小，应注意防止铣刀受到过大的切削力和突然的冲击力而折断。

4. 铣燕尾槽

铣削燕尾槽的步骤如图 5.4.4 所示。

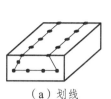

（a）划线　　　（b）铣直槽　　　（c）铣左燕尾槽　　　（d）铣右燕尾槽

图 5.4.4　铣燕尾槽的步骤

5. 铣齿轮

在铣床上用成形法铣削加工齿轮，具有不需要专用设备、刀具成本低等特点，但是加工效率低、加工精度较低，多用于修配或单件小批量生产。在铣床上用成形法加工直齿圆柱齿轮的步骤如下：

（1）选择和安装铣刀。铣削直齿圆柱齿轮要用模数铣刀来加工，模数铣刀根据齿轮的模数和齿数来确定，同一模数的模数铣刀有 8 把，分为 8 个刀号，组成一套，每一号模数铣刀仅适合加工一定齿数范围的齿轮，见表 5.4.1。

表 5.4.1　铣刀号数与加工齿轮齿数的范围

铣刀号数	1	2	3	4	5	6	7	8
齿轮齿数 z	$12 \sim 13$	$14 \sim 16$	$17 \sim 20$	$21 \sim 25$	$26 \sim 34$	$35 \sim 54$	$55 \sim 135$	$z \geqslant 136$

（2）安装工件。先将工件安装在心轴上，再将心轴安装在分度头和尾座顶尖之间，如图 5.4.5 所示。

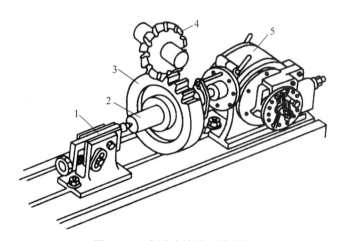

图 5.4.5　在卧式铣床上铣齿轮

1—尾座；2—心轴；3—齿轮毛坯；4—盘状模数铣刀；5—分度头

（3）对刀找正。开启铣床，使铣刀旋转。手动控制工作台，使齿轮毛坯的最高点和铣刀轻微接触，观察切出的小平面是否对称，如果不对称，摇动横向进给手柄，使切痕对称并记下升降台刻度盘的刻度。

（4）摇动升降台，利用升降台的刻度盘，将工作台升起至齿深位置，开启纵向自动进给手柄进行铣削。

（5）铣削完毕，关闭纵向自动进给，手动纵向退回工件。利用分度头进行分度，使工件转过$1/z$圈，开启纵向自动进给进行铣削。

（6）重复（5）直到所有的齿铣削完毕。

（7）关闭铣床、拆下工件。

四、实训示例

内六角扳手图样如图5.4.6所示，其铣削步骤如下：

（1）本例拟用立式铣床进行加工，选用$\phi 25$ mm立铣刀，将铣刀安装在主轴上。

（2）安装工件，工件用分度头及尾座进行装夹，采用一夹一顶的方式找正工件。

（3）计算分度头手柄转数$n = 40/z$，调整定位销位置及扇形板之间的孔距数。

（4）对刀，采用试切法进行对刀，使铣刀轻轻接触工件，作为垂直进给的参考点。

（5）铣削第一面至图样要求。

（6）转动分度手柄进行分度，然后铣削第二面及其他面。

（7）检查工件质量，合格后拆下工件。

图5.4.6　内六角扳手

第六章　刨削加工

第一节　刨床和刨刀

一、实训目的

（1）了解牛头刨床的组成、结构及应用范围；

（2）了解牛头刨床的刨削运动和刨削用量；

（3）了解刨刀的种类和刨刀的安装方法。

二、实训准备知识

1. 刨削的应用及刨削加工的特点

刨削是指在刨床上用刨刀加工零件的切削过程。刨削主要用来加工水平面、垂直面、斜面、台阶、燕尾槽、直角沟槽、T 形槽、V 形槽、成形面等，如图 6.1.1 所示。刨削加工的尺寸精度一般为 IT9～IT7，表面粗糙度 Ra 值一般为 6.3～3.2 μm。刨削加工适用于单件、小批量生产。

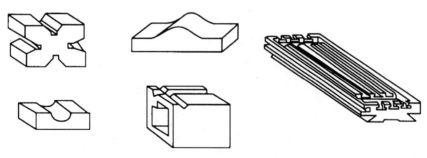

图 6.1.1　刨削加工的典型零件

刨削的主运动为直线往复运动，刨刀前进时切下金属，刨刀返回时不进行切削，增加了加工辅助时间，一个表面需要多次反复行程才能加工出来，刨刀反向时需要克服惯性力，切削过程有冲击现象，切削速度受到一定限制（一般为 17～50 m/min），所以刨削的生产率一般较低，加工精度也不高。但是刨床的结构简单，刨刀的制造和刃磨容易，生产准备时间短，适应性强，使用方便，所以在机械加工中仍然得到广泛的使用，特别是在加工窄而长的工件时较为常用。刨削时因为切削速度低，一般不需要加切削液。

2. 刨削用量及刨削运动

刨削用量是指刨削速度 v_c、进给量 f、刨削深度 a_p，如图 6.1.2 所示。牛头刨床的主运动是刨刀的往复直线运动，刨刀回程时工作台（工件）做的横向水平或垂直移动为进给运动。

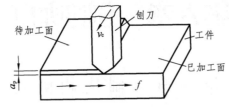

图 6.1.2　刨削用量及刨削运动

3. 刨　床

刨床分为牛头刨床和龙门刨床两大类。牛头刨床主要用于加工中、小型工件表面，适用于单件、小批量生产；龙门刨床主要用于加工大型工件，也可以一次装夹多件中小型工件同时进行加工。本节主要介绍 B6065 型牛头刨床。

1）牛头刨床的型号

B6065 型牛头刨床的组成如图 6.1.3 所示，主要由滑枕和摇臂机构、工作台、进给机构、变速机构、刀架、床身、底座等部分组成。牛头刨床的型号 B6065 的含义如下：

B——机床类别代号（刨床类）；

60——组系代号（牛头刨床）；

65——主参数代号（最大刨削长度的 1/10，即最大刨削长度为 650 mm）。

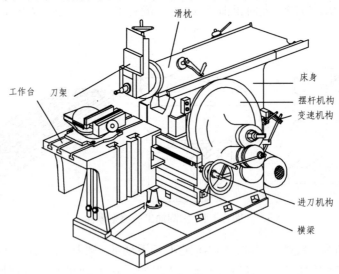

图 6.1.3　B6065 型牛头刨床的组成

2）牛头刨床的主要组成部分

床身：用来支承刨床各部件，床身的内部有传动机构。其顶面燕尾形导轨供滑枕做往复直线运动，垂直面导轨供工作台升降用。

滑枕：主要用来带动刨刀做直线往复运动，其前端装有刀架，滑枕往复运动的快慢、行程的长短和位置均可根据加工位置进行调整。

刀架：刀架的结构如图 6.1.4 所示，其作用是用来夹持刨刀，实现垂直和斜向进给运动，其上滑板有可偏转的刀座。抬刀板绕刀座上的轴顺时针抬起，供返程时将刨刀抬离加工表面，减少刨刀与工件间的摩擦。

工作台：用来装夹工件或夹具，它可随横梁升降，亦可沿横梁水平移动，实现间歇进给运动。

横梁：其上装有工作台，工作台可沿横梁侧面的导轨做间歇进给运动，横梁也可以带动工作台沿床身垂直导轨做升降运动。

根据加工的要求不同，可以对滑枕行程长度、滑枕起始位置、滑枕行程速度、进给量进行调整。

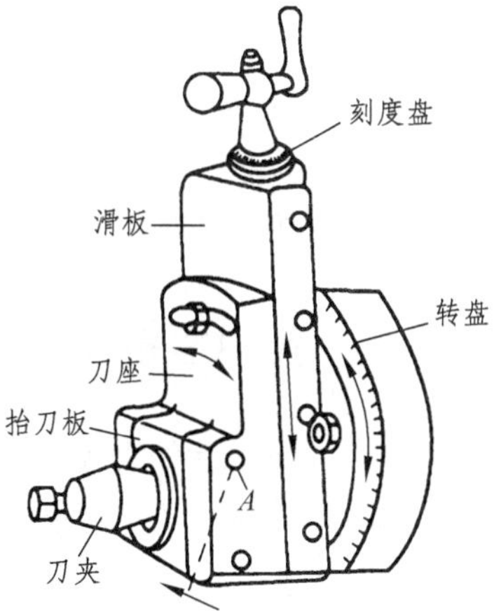

图 6.1.4 牛头刨床刀架

4. 刨 刀

1）刨刀的特点

刨刀的几何参数和车刀相似，但刀杆的横截面比车刀大，一般刨刀截面通常比车刀大 1.25～1.5 倍，切削时可以承受较大的冲击力。为了增加刀尖强度，一般将刨刀的刀尖磨成小圆弧并选刃倾角为负值。

2）刨刀的种类

刨刀的种类很多，常见的刨刀及其用途见表 6.1.5。

表 6.1.1 刨刀的种类及运用

刨削名称	刨削平面	刨削垂直面	刨削斜面	刨削燕尾槽
刨刀名称	平面刨刀	偏 刀	偏 刀	角度偏刀
加工简图	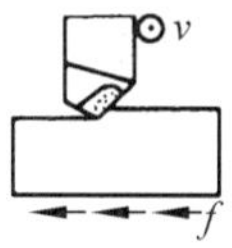	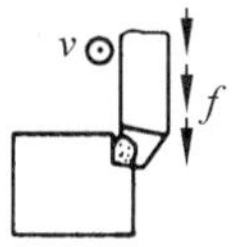	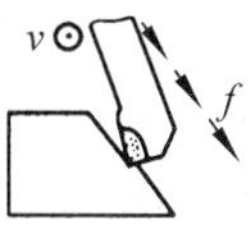	
刨削名称	刨削 T 形槽	刨削直槽	刨削斜槽	刨削成形面
刨刀名称	弯切刀	切 刀	切 刀	成形刨刀
加工简图	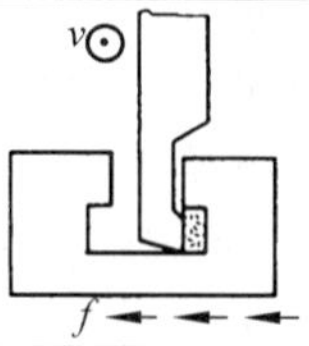	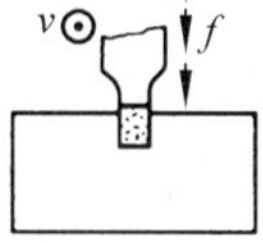	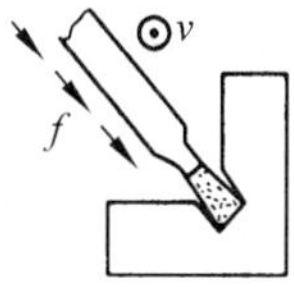	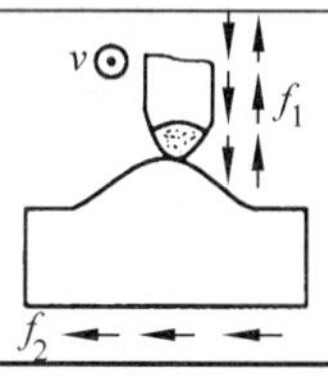

3）刨刀的安装

刨刀正确安装与否直接影响工件加工质量。安装时将刀架上的转盘对准零刻度线，以便准确控制吃刀深度；刨刀伸出的长度一般为刀杆厚度的 1.5～2 倍；夹紧刨刀时应使刀尖离开工件表面，以防碰坏刀具和擦伤工件表面。

第二节　各种形面的刨削方法

一、实训目的

（1）了解水平面、垂直面、斜面、沟槽、成形面的刨削方法；

（2）掌握简单零件刨削工艺的编制方法；

（3）掌握刨床加工的基本操作步骤。

二、实训准备知识

（1）了解刨床的组成及刨床组成部件的作用（参见本章第一节）；

（2）根据加工要求选择合适的刨刀（参见本章第一节）。

三、各种形面的刨削方法

1. 刨削水平面

刨削水平面是刨削加工最基本的内容。刨削是由刨床工作台带动工件做横向间歇进给，吃刀量可通过垂直移动刀架改变刀尖位置进行调整。刨削水平面时，刀架和刀座的位置如图 6.2.1（a）所示。刨削水平面的步骤如下：

（1）装夹工件。加工前根据工件的形状大小及加工要求，选择合理的安装方法。小型零件可用平口钳装夹，较大的工件可用压板螺栓固定在工作台上。较薄的工件则应加以适当的支撑，以免产生变形。

（2）安装刨刀。根据加工要求，选择合适的刨刀，刨刀在刀架上不能伸出太长，以免在加工中发生振动而导致刀具折断。刨刀伸出的长度一般不宜超过刨刀刀杆厚度的 1.5～2 倍。安装时，一只手扶住刨刀，另一只手由上而下或倾斜向下用力扳动螺钉，将刀具压紧，用力方向不得由下而上，以免抬刀板撬起而碰伤或夹伤手指。

（3）检查调整滑枕起始位置和行程长度以及每分钟滑枕的往复次数，启动刨床，移动滑枕至刨刀接近工件，移动工作台将工件置于刨刀之下。

（4）转动刀架手柄使刨刀向下至刀尖轻微接触工件表面，将刀架刻度盘对准零位作为进刀的起始基准，然后移动工作台将工件离开刨刀 5 mm 左右。启动刨床，转动刀架手柄，按选定的背吃刀量向下进好刀后，采用手动方式均匀缓慢横向进给，使工件接近刨刀后进行试刨削。

（5）横向刨去约 2 mm 宽后停车检查，测量工件尺寸，尺寸正确则开机，启动横向自动开关，进行自动刨削。

（6）刨削完毕，停车检查。停车时刨刀不能停在工件表面上，以免损坏刀具或擦伤工件表面。一般精度用钢直尺进行测量，中等精度用游标卡尺测量。表面粗糙度要求较高时，应用表面粗糙度标准样板对比测定。平面度一般用刀口形直尺对照检查。

（7）工件检查合格后，关闭机床电源。

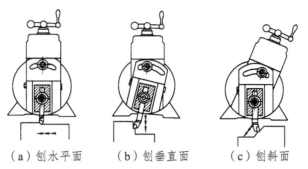

（a）刨水平面　　（b）刨垂直面　　（c）刨斜面

图 6.2.1　刨削水平面、垂直面、斜面时刀架和刀座的位置

2. 刨削垂直面和斜面

刨削垂直面是指利用刀架做垂直方向手动进给加工平面的方法。背吃刀量可以通过移动工作台做调整。加工前须检查刀架座转盘，上下对准基准零线，以确保加工面与工件底平面互相垂直，如图 6.2.2 所示。

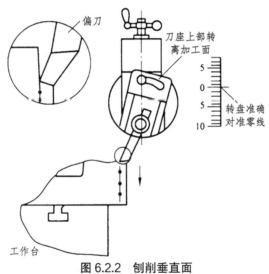

图 6.2.2　刨削垂直面

刨削垂直面的操作步骤如下：

（1）装夹工件。用平口钳或者压板螺栓将工件装夹牢固，要使工件的一端伸出钳口，伸出的长度不能太长，否则会使工件受力后发生弯曲变形，严重时会使平口钳扭转，发生事故。用平口钳装夹工件时，要使钳口的方向垂直于滑枕的行程方向。

（2）安装刨刀。刨削垂直面必须采用偏刀。安装偏刀时，刨刀伸出的长度应大于刨削面的高度。

（3）把工作台升降到适当的位置，使工件接近刀具。

（4）调整滑枕行程长度及起始位置。

（5）调整滑枕每分钟的往复次数。

（6）启动刨床，利用手动刀架进给进行刨削，当刀具从工件上退出时，手动进刀。

（7）停车测量，零件合格后，关闭机床及电源。

刨削斜面和刨削垂直面的步骤基本相同，不同之处在于刨削斜面时，刀架转盘应扳转一定的角度，刀座偏转的方向应是刀座上端偏离加工面。刨削垂直面和斜面时，刀架和刀座的位置如图 6.2.1（b）、（c）所示。

3. 刨削直角槽

刨削直角槽时刨床的调整方法与刨削平面基本相同，操作步骤如图 6.2.3 所示。要注意的事项是：

（1）根据槽宽和加工要求选择刨槽刀，精度要求不高的槽，可采用刀头宽度等于槽宽的方法用直进法直接刨出来。安装刨刀时，刨刀刀体要垂直于加工面。

（2）对精度要求较高的直角槽，可采用刀具宽度略小于槽宽的刨槽刀进行粗刨，再用刀头宽度等于槽宽的精刨刀采用直进法进行精刨。

（3）安装工件时，必须进行找正，以保证加工精度。

（4）刨槽刀刀头部分强度较差，应选择较小的进给量，一般选择 0.1～0.3 mm/L 比较合适。

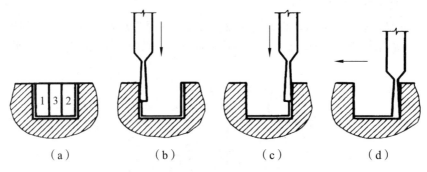

  （a）   （b）   （c）   （d）

图 6.2.3　刨削直角槽的步骤

4. 刨削成形面

在牛头刨床上刨削成形面，通常是先在工件侧面划出成形面横剖面截面形状，然后根据划线，分别移动刨刀做垂直进给和移动工作台做水平进给，从而加工出成形面。当工件数量较多时，可将刨刀刃口形状刃磨成与工件表面一致的成形刨刀，只做垂直进给，加工出所需表面的形状，如图 6.2.4 所示。

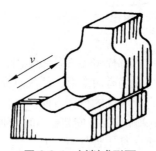

图 6.2.4　刨削成形面

第七章　磨削加工

第一节　磨床及磨削的应用

一、实训目的

（1）了解磨削加工的应用范围；

（2）了解磨削运动和磨削用量；

（3）了解万能外圆磨床的组成及组成部件的作用。

二、实训准备知识

1. 磨削的应用及磨削加工的特点

在磨床上用砂轮作为切削工具对工件表面进行加工称为磨削。磨削是零件精加工的常用方法，应用范围很广，通常加工精度可达 IT7~IT5，表面粗糙度 Ra 可达 0.8~0.1 μm。磨削的基本加工范围有磨外圆、磨内圆、磨平面、磨螺纹、磨齿轮、磨导轨、磨成形面及刃磨各种刀具等，如图 7.1.1 所示。

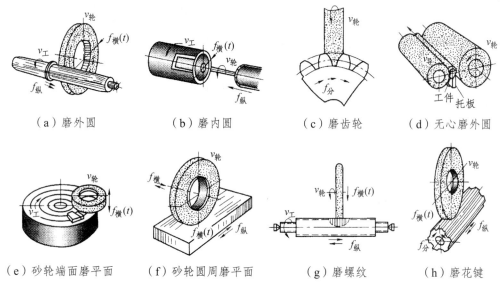

（a）磨外圆　　　　（b）磨内圆　　　　（c）磨齿轮　　　　（d）无心磨外圆

（e）砂轮端面磨平面　　（f）砂轮圆周磨平面　　（g）磨螺纹　　　（h）磨花键

图 7.1.1　磨削的基本加工范围

磨削加工与车削、铣削、刨削等加工方法相比有以下特点：

（1）加工材料广泛。磨削不仅可以加工一般金属材料，还可以加工一般刀具难以加工的高硬度材料，如淬火钢、硬质合金等。

（2）磨削加工尺寸精度高，表面粗糙度值低。

（3）磨削的加工余量很小，在磨削之前应先进行粗加工以及半精加工。

（4）磨削温度高。磨削过程中，切削速度很高，会产生大量切削热，温度超过 1 000 ℃。为了减少摩擦和迅速散热，降低磨削温度，及时冲走切屑，磨削时需使用大量切削液。

（5）磨削属于多刃、微刃切削，磨削用的砂轮是由许多细小坚硬的磨粒用黏合剂黏合经焙烧而成，这些锋利的磨粒就像铣刀的切削刃，在砂轮高速旋转的条件下，切入零件表面，因此磨削是一种多刃、微刃切削过程。

2. 磨削运动和磨削用量

以外圆磨削为例，磨削时有一个主运动和三个进给运动，这四个运动的参数就是磨削用量。

1）主运动及砂轮速度（$v_砂$）

在磨削加工中，砂轮的旋转运动称为主运动，砂轮外圆相对于工件的瞬时速度称为磨削速度，主运动速度可用下式计算：

$$v_砂 = \frac{\pi \cdot d_0 \cdot n_0}{1\,000 \times 60}$$

式中　　$v_砂$——砂轮的线速度（m/s）；

　　　　d_0——砂轮直径（mm）；

　　　　n_0——砂轮转速（r/min）。

砂轮的线速度很高，一般磨削时，v_c 为 30～50 m/s，高速磨削时，v_c 为 60～80 m/s。每个砂轮上都标有允许的最大线速度，为了防止机床振动和发生砂轮碎裂事故，使用时不得超过砂轮允许的最大线速度。

2）圆周进给运动及圆周进给速度 v_w

为了保证工件能进行连续磨削，磨削时，工件需要做旋转运动，此称为圆周进给运动。工件外圆处相对于砂轮的瞬时速度称为圆周进给速度，可用下式计算：

$$v_w = \frac{\pi \cdot d_w \cdot n_w}{1\,000 \times 60}$$

式中　　v_w——圆周进给速度（m/s）；

　　　　d_w——工件直径（mm）；

　　　　n_w——工件转速（r/min）。

3）纵向进给运动及纵向进给量 $f_纵$

工件的轴向往复运动称为纵向进给运动；工件每转一转相对砂轮在纵向进给运动方向所移动的距离，称为纵向进给量，用 $f_纵$ 表示，单位是（mm/r）：

$$f_{纵} = (0.2 \sim 0.8)B$$

式中，B 是砂轮宽度（mm），粗磨时系数取上限，精磨时系数取下限。

4）横向进给运动及横向进给量 a_p

每次磨削行程终了时，砂轮在垂直于工件表面方向切入工件的运动称为横向进给运动，又叫吃刀运动。横向进给量是以工作台单行程或双行程后砂轮切入量（磨削深度 a_p）来表示。

3. 磨 床

1）磨床的种类与型号

磨床有外圆磨床、内圆磨床、平面磨床、工具磨床等，常用的是外圆磨床和平面磨床。磨床型号 M1432 的含义为：M——磨床类机床；1——外圆磨床的组别代号；4——万能外圆磨床的系别代号；32——最大磨削直径的 1/10，即最大的磨削直径是 320 mm。本节就 M1432 型万能外圆磨床做介绍。

2）M1432 型万能外圆磨床的组成

M1432 型万能外圆磨床主要由床身、内圆磨具、砂轮架、尾架、进给手轮等组成，其外形如图 7.1.2 所示。

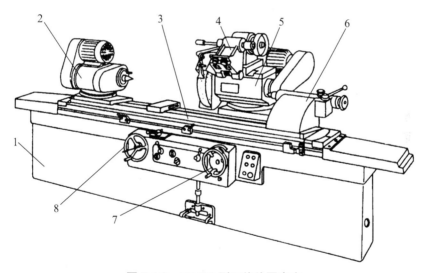

图 7.1.2　M1432 型万能外圆磨床
1—床身；2—头架；3—工作台；4—内圆磨具；5—砂轮架；6—尾架；
7—横向进给手轮；8—纵向手动调节手柄

床身：床身是用来固定和支承磨床上所有部件的，上部装有工作台和砂轮架，内部装有液压传动系统。床身上的纵向导轨供工作台纵向移动用，横向导轨供砂轮架移动用。

头架：头架上装有主轴，主轴端部可以安装顶尖、拨盘或卡盘，以便装夹工件。主轴由单独的电动机通过皮带传动，提供圆周进给运动，通过变速机构，使工件获得不同的转动速度。头架可以在水平面内偏转一定的角度。

工作台：工作台由液压传动沿床身上的纵向导轨做直线往复运动，使工件实现纵向进给。在工作台前侧面的 T 形槽内装有两个换向挡块，用以控制工作台自动换向。

内圆磨具：内圆磨具是用来磨削内圆表面的，在它的主轴上可装上内圆磨砂轮，由单独的电动机驱动内圆磨头旋转，使用时翻下，不用时翻向砂轮架上方。

砂轮架：砂轮架用来安装外圆磨削用的砂轮，并装有单独的驱动电机，通过皮带使砂轮高速旋转。砂轮架可以在床身后部的导轨上做横向移动，可以自动间歇进给，也可以手动进给，或者快速趋近工件和退出工件。砂轮架可以绕垂直轴旋转一定角度，用以磨削较小的圆锥面。

尾架：尾架内装有顶尖，用来支承工件的另一端，以加强零件的装夹刚性。

第二节　砂　轮

一、实训目的

（1）了解砂轮的组成及分类；
（2）了解砂轮的平衡、安装和修整。

二、实训准备知识

1. 砂轮的组成及种类

砂轮是特殊的刀具，又称磨具，由磨料和黏合剂黏结在一起经焙烧而成。砂轮由磨粒、黏合剂、空隙三要素构成，如图 7.2.1 所示。砂轮的网状空隙起容屑和散热的作用。

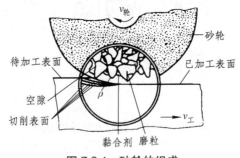

图 7.2.1　砂轮的组成

砂轮端面上印有砂轮的规格型号，表明它的特性。砂轮的特性按其尺寸、磨料、粒度、硬度、组织、黏合剂、线速度顺序标记。例如：外径 300 mm、厚度 50 mm、孔径 75 mm、棕刚玉、粒度 60、硬度为 L、5 号组织、陶瓷黏合剂、最高工作线速度 35 m/s 的平形砂轮标记如下：

砂轮 1－300×50×75－A60L5V－35 m/s

砂轮的磨粒直接担负切削工作。常用的磨粒有两类：刚玉（Al_2O_3）类适用于磨削钢料及一般刀具；碳化硅（SiC）类适用于磨削铸铁、青铜等脆性材料以及硬质合金材料。

粒度是表示磨粒尺寸大小的参数，磨料粒度影响磨削的质量和生产效率。粒度主要根据工件表面粗糙度要求和加工精度来选择。一般粗磨时用粗粒度，精磨时用细粒度，磨削软、塑性大的材料用粗粒度，磨削质硬、脆性材料时用细粒度。

2. 砂轮的平衡、安装和修整

1）砂轮的平衡

砂轮在制造的时候都存在尺寸、形状误差，加之磨料、黏合剂的不均匀，这些都会使砂轮的重心相对砂轮孔轴线产生偏离。砂轮高速旋转时，这种偏离会使砂轮产生振动和摆动，严重时会使砂轮破碎，造成事故。因此，对于直径大于 125 mm 的砂轮必须做静平衡试验，如图 7.2.2 所示。

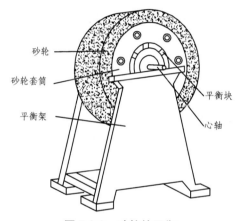

图 7.2.2　砂轮的平衡

将砂轮放在心轴上，再将心轴放在砂轮平衡架的平衡轨道上，若不平衡则较重的部分总是转到砂轮下面，这时可移动法兰盘端面环槽内的平衡块进行调整。经反复平衡试验，直到砂轮在平衡轨道上任意位置都能静止，即说明各部分的质量分布均匀。这种方法称之为静平衡。

2）砂轮的安装方法

安装砂轮之前，先用肉眼检查砂轮有无裂纹，再用木槌轻轻敲击，响声清脆则表示无裂纹；如果声音嘶哑，则禁止使用，否则砂轮会飞出伤人。砂轮的安装方法如图 7.2.3 所示。在法兰盘和砂轮之间要加弹性垫圈，装好后将紧固螺母锁紧。

3）砂轮的修整

砂轮工作一段时间以后，磨粒逐渐变钝，砂轮工作表面的空隙被堵塞，此时必须对砂轮进行修整，使已磨钝的磨粒脱落，露出锋利的磨粒，以恢复砂轮的切削能力和外形精度。常用金刚笔进行砂轮修整，金刚笔的安装角度如图 7.2.4 所示。修整时要使用大量切削液，以避免金刚笔因温升剧烈而破裂。

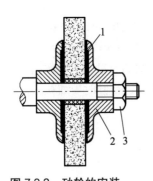
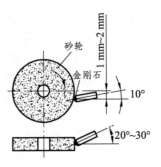

图 7.2.3　砂轮的安装　　　　　图 7.2.4　砂轮的修整

1—弹性垫圈；2—法兰盘；3—紧固螺母

第三节　磨　削

一、实训目的

（1）了解在万能外圆磨床上磨削时，工件的安装方法；

（2）了解在万能外圆磨床上磨削外圆、圆锥、内孔的方法。

二、实训准备知识

（1）万能外圆磨床的组成及结构（见本章第一节）；

（2）砂轮的安装、平衡、修整方法（见本章第二节）；

（3）在万能外圆磨床上装夹工件的方法。

1. 工件装夹

工件装夹是否稳固可靠影响工件的加工精度和粗糙度，在某些情况下，装夹不正确还会造成事故。

1）顶尖安装

轴类零件通常用顶尖装夹。安装时，工件支承在两顶尖之间，如图 7.3.1 所示。磨床用的顶尖是固定顶尖，顶尖都是不随工件一起转动的，这样可以避免由于顶尖转动而产生的径向跳动误差。尾座顶尖是靠弹簧推力顶紧工件的，这样可以自动控制工件的松紧程度，避免工件因受热伸长而带来的弯曲变形。

磨削前，工件的中心孔要进行修研，以提高其几何形状精度和减少表面粗糙度，保证定位准确。修研一般用四棱硬质合金顶尖在车床或钻床上对中心孔进行挤研，将中心孔研亮。

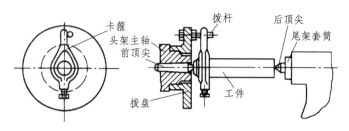

图 7.3.1　顶尖安装

2）卡盘安装

卡盘安装通常用来磨削短工件的外圆。磨削端面上不能打中心孔的短圆柱工件采用三爪卡盘安装；对称工件则采用四爪卡盘安装，并用百分表找正；形状不规则的工件则用花盘安装，安装方法与在车床上安装工件基本相同。

3）心轴安装

磨削套筒类零件时，常以内孔作为定位基准，把零件套在心轴上，心轴再装夹在磨床的前、后顶尖上。常用的心轴有锥形心轴、带台肩圆柱心轴、带台肩可胀心轴等。

4. 磨削外圆的方法

在万能外圆磨床上磨削外圆的方法有纵磨法和横磨法。

1）纵磨法

如图 7.3.2（a）所示，磨削时，砂轮高速旋转起切削作用，工件转动（圆周进给）并与工作台一起做直线往复运动（纵向进给）。当每一纵向行程或往复行程终了时，砂轮按规定的磨削深度做一次横向进给运动，每次进给量很少。当工件加工到接近最终尺寸时，采用无横向进给的走几次直至火花消失，以提高零件的加工精度。纵磨法的特点是适应性强，一个砂轮可以磨削不同长度、不同直径的各种零件，磨削工件的精度及表面质量较高，但生产效率较低，故广泛用于单件、小批量生产及精磨加工中。

2）横磨法

如图 7.3.2（b）所示，采用横磨法时，砂轮的宽度大于零件表面的长度，磨削时工件无纵向进给运动，而砂轮在高速旋转的同时以很慢的速度连续地或间歇地向工件做横向进给运动，直至磨到所需要的尺寸为止。横磨法的特点是生产效率高。但由于工件与砂轮接触面积大，切削力大，发热量大而散热条件差，造成工件的精度较低，表面粗糙度值较大。横磨法适用于大批量生产中，磨削刚性较好、较短的工件外圆或两侧有台肩的轴颈以及成形面。

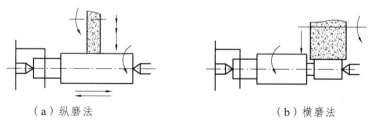

（a）纵磨法　　　　　　　　　　　　（b）横磨法

图 7.3.2　外圆磨削方法

三、磨削操作步骤

1. 磨削外圆

1）纵磨法磨削外圆的操作步骤

① 擦净工件两端中心孔，检查中心孔圆整光滑，否则必须研磨。

② 调整头、尾架位置，使前后顶尖间的距离与工件长度相适应。

③ 在工件的一端装上适当的夹头，两中心孔加入润滑脂后，把工件装在两顶尖之间，调整尾架顶尖弹簧压力至适度。

④ 调整行程挡块位置，防止砂轮撞击工件台肩或夹头。

⑤ 调整头架主轴转速，测量工件尺寸，确定磨削余量。

⑥ 开动磨床，使砂轮和工件转动，当砂轮接触到工件时，开始放切削液。

⑦ 调整背吃刀量后进行试磨削，边磨削边调整锥度，直至锥度误差被消除。

⑧ 进行粗磨，工件每往复一次，背吃刀量为 0.01～0.025 mm。

⑨ 进行精磨，每次背吃刀量为 0.005～0.015 mm，直至达到尺寸精度。

⑩ 进行光磨，精磨至最后尺寸时，砂轮无横向进给，工件再纵向往复几次，直至火花消失为止。停车检验工件尺寸及表面粗糙度。

2）磨削外圆的操作要点

① 启动砂轮要点动，然后逐步进入高速旋转。

② 对接触点要细心，砂轮要慢慢靠近工件。

③ 精磨前一般要修整砂轮。

④ 磨削过程中，工件的温度会有所提高，测量时应考虑热膨胀对工件尺寸的影响。

2. 内圆磨削

磨削内圆可在内圆磨床或万能外圆磨床上进行。与磨削外圆相比，由于砂轮直径受到工件孔的限制，一般较小，切削速度大大低于外圆的磨削。为了达到磨削速度，磨头的速度一般在 10 000～20 000 r/min。而且砂轮轴悬伸长度又大，刚度较差，加上磨削时散热、排屑困难，磨削用量不能大，因此加工精度和生产效率都较低。磨削时的运动与外圆磨削基本相同，但砂轮旋转方向与工件旋转方向相反。

1）工件的装夹

在内圆磨床上磨削工件的内孔，通常是以工件的端面和外圆柱面作为定位基准，采用三爪卡盘、四爪卡盘、花盘和弯板进行装夹。

2）磨削方法

磨削内孔时，砂轮在工件孔中的接触位置有两种：一种是与工件孔的后面接触，如图 7.3.3（a）所示。这时冷却液和磨屑向下飞溅，不影响操作者的视线与安全。另一种是与工件孔的前面接触，如图 7.3.3（b）所示。通常在内圆磨床上磨孔采用后面接触。而在万能外圆磨床上磨孔则采用前面接触，这样可以采用自动横向进给，若采用后面接触，只能手动横向进给。

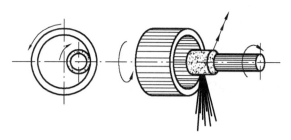

（a）砂轮与工件的后面接触

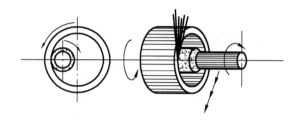

（b）砂轮与工件的前面接触

图 7.3.3　内圆磨削时砂轮与工件的位置

内圆磨削的方法也有纵磨法和横磨法，如图 7.3.4 所示。其操作方法和特点与外圆磨床相似。但因内圆磨削砂轮轴一般较细长，易变形和振动，故纵磨法应用较广。

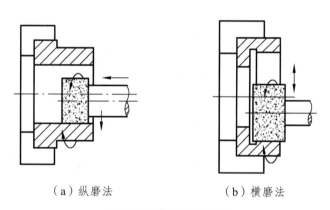

（a）纵磨法　　　　　　　　　　（b）横磨法

图 7.3.4　内圆磨削方法

3. 磨削圆锥面

圆锥面分为内圆锥面和外圆锥面，两者均可以在万能外圆磨床上进行磨削。内圆磨床上则只能磨削内圆锥面。磨削圆锥面通常采用下列两种方法：

1）转动工作台法

磨削前，将上工作台相对于下工作台转过工件锥面角度的 1/2 角度，如图 7.3.5 所示。其磨削操作方法与磨削外圆基本相似，这种方法大多用于磨削加工锥度较小、锥面较长的工件。在磨削内圆锥面的时候，注意进刀和退刀不能碰到孔壁。

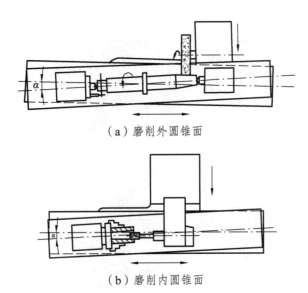

（a）磨削外圆锥面

（b）磨削内圆锥面

图 7.3.5　转动工作台磨削锥面

2）转动头架法

将头架相对于工作台转动锥面斜角的 1/2 角度进行磨削加工，如图 7.3.6 所示。这种方法常用于加工锥度较大的工件。

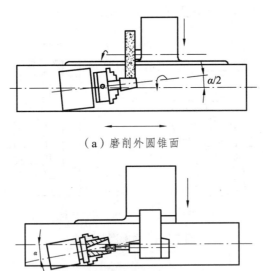

（a）磨削外圆锥面

（b）磨削内圆锥面

图 7.3.6　转动头架磨削圆锥面

第八章　拆卸与装配

第一节　设备拆卸

一、实训目的

（1）了解设备拆卸的原则、拆卸方法及各种拆卸方法的适用场合；

（2）掌握典型联接的拆卸方法；

（3）了解常用的装配工具及其使用方法；

（4）掌握典型机电产品的拆卸步骤。

二、实训准备知识

1. 设备拆卸的一般原则

拆卸是设备装配修理工作中的一个重要环节，如果拆卸不当，会造成设备零件的损坏、设备精度的丧失。简单地讲，拆卸工作就是正确地解除零、部件在机器中相互的约束与固定形式，把零、部件有条不紊地分解出来。

设备拆卸的一般原则：

（1）拆卸前必须首先弄清楚设备的结构、性能，掌握各个零、部件的结构特点、装配关系以及定位销、弹簧垫圈、锁紧螺母与顶丝的位置及退出方向，以便正确进行拆卸。

（2）设备的拆卸程序与装配程序相反。在切断电源后，先拆外部附件，再将整机拆成部件，最后拆成零件，并按部件归并放置，不准就地乱扔乱放，精密零件要单独存放，丝杠与长度大的轴类零件应悬挂起来，以免变形。螺钉、垫圈等标准件可集中放在专用箱内。

（3）选择合适的拆卸方法，正确使用拆卸工具。

（4）拆卸大型零件，要坚持慎重、安全的原则。拆卸中应仔细检查锁紧螺钉及压板等零件是否拆开，吊挂时要注意安全。

（5）对装配精度影响较大的关键件，为保证重新装配后仍能保持原有的装配关系和配合位置，在不影响零件完整和不损伤的前提下，在拆卸前应做好打印记号工作。

（6）对于精密、大型、复杂设备，拆卸时应特别谨慎。在日常维护时一般不许拆卸，尤其是光学部件、数控部件。

（7）要坚持拆卸服务于装配的原则。如被拆设备的技术资料不全，拆卸中必须对拆卸过程进行记载，必要时还要画出装配关系图，装配时遵照"先拆后装"的原则装配。

2. 拆卸前的准备工作

（1）对要修理的设备做好现场调查研究。

（2）熟悉有关技术资料。

（3）根据设备的实际情况，准备必要的通用和专用工具。

3. 常用拆卸工具

1）活动扳手

工作中经常需要很多不同规格的扳手，扳手太多时，保存和使用都不方便，因此常采用活动扳手。活动扳手及其使用方法如图 8.1.1 所示。

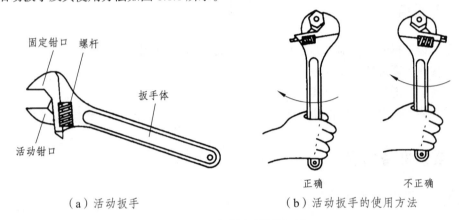

（a）活动扳手　　　　　（b）活动扳手的使用方法

图 8.1.1　活动扳手及其运用

2）开口扳手和梅花扳手

开口扳手和梅花扳手都属于固定扳手，主要用来装卸六角形和方形螺母，如图 8.1.2 和图 8.1.3 所示。开口扳手可分为单头扳手、双头扳手。扳手的规格都是以扳手的长度和开口大小决定的，使用时必须严格符合螺母的尺寸，以保证适当的拧紧力，并避免损伤螺母的棱角或使扳手打滑。

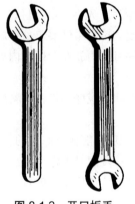

图 8.1.2　开口扳手

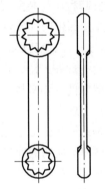

图 8.1.3　梅花扳手

3）专用扳手

专用扳手是根据各种螺母的形状和结构而专门设计的，常见的有内六角扳手和勾头扳手，如

图 8.1.4 和图 8.1.5 所示。内六角扳手用来装卸内六角螺母，勾头扳手用来装卸圆形螺母。

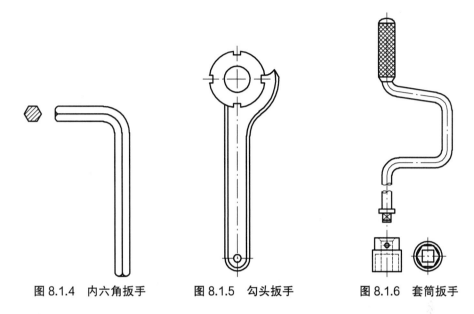

图 8.1.4　内六角扳手　　　图 8.1.5　勾头扳手　　　图 8.1.6　套筒扳手

4）套筒扳手

当所拆卸的零件位置受限，用普通扳手不能进行拆卸时，可以使用套筒扳手进行装卸。套筒扳手由一套尺寸不等的扳手及弯曲的手柄组成，如图 8.1.6 所示。

5）拔销器和挡圈装拆钳（见图 8.1.7、图 8.1.8）

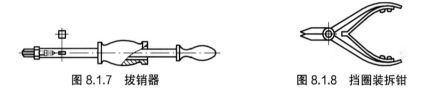

图 8.1.7　拔销器　　　　　图 8.1.8　挡圈装拆钳

4. 设备拆卸方法

设备拆卸包括两方面的内容，首先是将整机按部件解体，其次是将各部件拆卸成零件。设备拆卸是十分重要的工作，拆卸质量直接关系到设备的修理质量，因此掌握几种拆卸方法的特点及注意事项是非常必要的。设备拆卸，按其拆卸的方式可分为击卸、拉卸、压卸、热卸及破坏性拆卸。在拆卸中应根据实际情况，采用不同的拆卸方法。

1）击卸法

击卸法是利用锤子或其他重物的冲击能量，把零件拆卸下来，此法是拆卸工作中最常用的一种方法。击卸法的优点是使用工具简单，操作方便，不需要特殊工具与设备。它的不足之处是如果击卸方法不对，容易损伤或破坏零件。击卸适用的场合广泛，一般零件几乎都可以用击卸方法拆卸。

击卸大致分为三类：

① 用锤子击卸。在机修中，由于拆卸件是各种各样的，一般都是就地拆卸为多，故使用锤子击卸十分普遍。

② 利用零件自重冲击拆卸。在某种场合适合利用零件自重冲击的能量来拆卸零件，例如拆卸锤头与锤杆往往采用这种办法。

③ 利用其他重物冲击拆卸。在拆卸结合牢固的大、中型轴类零件时，往往采用重型撞锤。

击卸时必须注意如下事项：

① 根据拆卸件尺寸大小、重量以及结合的牢固程度，选择大小适当的锤子和注意用力的轻重。如果击卸件重量大、配合紧，而选择的锤子太轻，零件就不易击动，还容易将零件打毛。

② 对击卸件采取保护措施，通常用铜棒、胶木棒、木棒及木板等保护被击的轴端、套端及轮缘等。

③ 要先对击卸件进行试击，目的是考察零件的结合牢固程度，试探零件的走向。如听到坚实的声音，要立即停止击卸，然后检查，看是否由于走向相反或由于紧固件漏拆而引起的。发现零件严重锈蚀时，可加些煤油加以润滑。

④ 要注意安全。击卸前应检查锤子柄是否松动，以防猛击时锤子飞出伤人。

2）拉卸法

拉卸是使用专用拉具把零件拆卸下来的一种静力拆卸方法。拉卸的优点是拆卸件不受冲击力，拆卸比较安全，不易破坏零件；缺点是需要制作专用拉具。拉卸是拆卸工作中常用的方法，尤其适用于精度较高、不许敲击的零件和无法敲击的零件。

3）压卸法

压卸也是一种静力拆卸方法，是在各种手压机、油压机上进行的，一般适用于形状简单的静止配合零件，应用相对较少。

4）热拆卸法

拆卸尺寸较大的热盈配合的零件，往往需要对轴承内圈用热油加热才能拆卸下来，待轴承内圈受热膨胀后，即可以用拉力器将轴承拉出。

5）破坏性拆卸法

这是在拆卸中用得最少的一种方法，只是在拆卸热压、焊接、铆接等固定联接件的情况下不得已采用的保护主件、破坏副件的措施。

5. 典型联接的拆卸

1）拆卸断头螺钉

① 在断头螺钉上钻孔，楔入一根多角的钢杆，转动钢杆，即可拧出断头螺钉。

② 在断头螺钉上钻孔并攻螺纹（与螺钉相反扣），借助反扣螺钉拧出断头螺钉。

③ 当断头螺钉凹入表面 5 mm 以内时，可用一个内径比螺钉头外径稍小一点的六方螺母放在螺钉头上并与螺钉焊成一体，待冷却后用扳手拧螺母，便可取出断头螺钉。

④ 如果断头螺钉拆卸十分困难，在允许的情况下，可以用直径大于破损螺钉大径的钻头把螺钉钻掉，重新攻螺纹。

2）拆卸键联接

① 平键：一般采用錾子冲击键的一端，然后铲出。配合较紧的键可在键上钻孔、攻螺丝，用螺钉拉出。对于可以破坏的键，可以在键上焊螺钉，然后用拔销器拔出。

② 楔键：拆卸楔键的关键是克服楔键两个接触面间的静摩擦力，所以需要撞击。用锤子和冲子之类的过渡物猛击键的小端，即可卸下楔键。

3）拆卸销联接

销联接的拆卸可以用小于其直径的冲子冲出（锥销应冲小头）。

三、卧式车床主轴拆卸示例

卧式车床主轴结构如图8.1.9所示。

首先应注意，主轴的拆卸方向应向右（因为主轴上各直径向右成阶梯状，且最大直径在右端）。将联接端盖1、3与主轴箱的螺钉松脱，拆卸前端盖1及后端盖3。

松开主轴上的圆螺母2及4，由于止推轴承的关系，只能松至碰到垫圈9处，等主轴向右移动一段距离，再将螺母2旋至全部松卸为止（松卸主轴上的螺母前，必须将螺母上的锁紧螺钉10先松掉）。

齿轮7及8应滑移至左面，轴向定位的弹簧环用相应尺寸的钳子将其撑开取出。当主轴向右移动而完全没有阻碍时，才能用击卸法敲击主轴左端，待其松动后，即能从主轴箱右端将它抽出。

从主轴箱中拿出齿轮、垫圈及止推轴承等；法兰5在松卸其紧定螺钉后，可垫铜棒向左敲出；主轴上的双列滚子轴承垫了铜套后向右敲击，也可用专用拉具将其拉卸出。

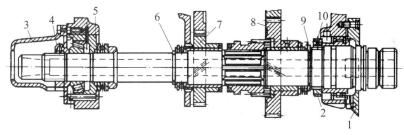

图8.1.9　卧式车床主轴结构

1—前端盖；2、4—螺母；3—后端盖；5—法兰；6—弹簧环（轴用卡圈）；
7、8—齿轮；9—垫圈；10—锁紧螺钉

第二节　机械设备的装配

一、实训目的

（1）了解对装配工作的一般要求；

（2）了解常见联接的装配要点；

（3）了解机械设备的装配工艺；

（4）了解车床主轴的装配步骤。

二、实训准备知识

设备的装配就是把经过修复的零件以及其他全部合格的零件，按照一定的装配关系、一定的技术要求有序地装配起来，并达到规定精度要求和使用性能要求的整个工艺过程，包括组装、部装和总装。装配质量的好坏直接影响到设备的精度、性能和使用寿命。

1. 装配工作的一般要求

（1）必须熟悉机床装配图、装配工艺文件和技术要求，了解每个零件的功能和相互间的联接关系。确定装配方法、顺序及所需工具和夹具。

（2）装配零件要清洗干净。及时清除在装配工作中由于补充加工（如配钻、攻螺纹等）所产生的切屑，清理装配表面的棉绒毛、切屑等物，以免影响装配质量。

（3）对所有不能互换的零件，应按拆卸、修理或制造时所做的标记，成对或成套地进行装配，确保装配质量。

（4）对固定联接的零件，除了要求有足够的联接强度外，还应保证其紧密性。

（5）所有附设的锁紧制动装置，如弹簧垫圈、保险垫片、制动钢丝等要配齐。

（6）两联接零件结合面间不允许放置图样上没有的或结构本身不需要的衬垫。

（7）装配中，力的作用点要正确，用力要适当。

2. 装配工艺

1）装配前的准备工作

（1）研究和熟悉装配图，了解设备的结构、零件的作用以及相互间的联接关系。

（2）确定装配方法、顺序和所需要的装配工具等。

（3）对零件进行清理和清洗。

（4）对某些零件要进行修配、密封试验或平衡工作等。

2）装配分类

装配工作分为部装和总装。部装就是把零件装配成部件的过程，总装就是把零件和部件装配成最终产品的过程。

3）装配方法

为了使相配零件得到要求的配合精度，按不同情况可以采取以下四种装配方法。

（1）互换装配：在装配时各配合零件不经修配、选择或调整即可达到装配精度。

（2）分组装配：在成批或大量生产中，将产品各配合副的零件按实测尺寸分组，装配时，按组进行互换装配以达到装配精度。

（3）调整装配法：在装配时，改变产品中可调整零件的相对位置或选用合适的调整件，以达到装配精度。

（4）修配装配法：在装配时，修去指定零件上预留修配量，以达到装配精度。

3. 常见联接的装配要点

1）螺母和螺栓的装配要点

① 零件的接触表面应光洁、平整。

② 压紧联接件时，要拧螺母，不拧螺栓。

③ 成组螺栓或螺母拧紧时要按一定的顺序进行，拧紧力要均匀，分几次逐步拧紧。

④ 沉头螺栓拧紧后，螺栓头不应高于沉孔外面。

2）键联接装配要点

① 键的棱边要倒角，键的两端倒圆后，长度与轴槽留有适当的间隙。

② 键的底面要与轴槽底接触，顶面与零件孔槽底面留有一定的间隙，穿入孔槽时，平键要与轮槽对正。

3）带轮与轴的装配要点

① 带轮与轴组装后，带轮的径向和端面跳动必须合格，键与轴槽、键与孔槽配合的程度要适当。

② 若带轮孔与轴的配合尺寸不合格，可用磨削、刮削等进行修复后再装配，不要强装。

③ 带轮装配后，位置应固定，必须保证两带轮的中心面在同一平面内。

三、车床主轴部件的装配

图 8.2.1 所示是车床主轴部件。前端采用双列向心短圆柱滚动轴承 2，用以承受切削时的径向力。主轴的轴向力由推力轴承 8 和圆锥滚子轴承 10 承受。调整圆螺母 13 可控制主轴的轴向窜动量，并使主轴轴向双向固定。当主轴运转使温度升高时，允许主轴向前伸长，而不影响前轴承所调整的间隙，大齿轮 4 与主轴用锥面结合，装拆方便。

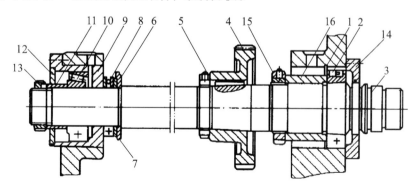

图 8.2.1　车床主轴部件

1—卡环；2—滚动轴承；3—主轴；4—大齿轮；5—螺母；6—垫圈；7—开口垫圈；8—推力轴承；9—轴承套；
10—圆锥滚子轴承；11，16—衬套；12—盖板；13，15—圆螺母；14—法兰分组件普通车床主轴部件装配顺序如下：

（1）将卡环 1 和滚动轴承 2 的外圈装入箱体的前轴承孔中。

（2）按图 8.2.1 所示，将该分组件先组装好，然后将该分组件从主轴箱前轴承孔中穿入。在此过程中，从箱体上面依次将键、大齿轮 4、螺母 5、垫圈 6、开口垫圈 7 和推力轴承 8 装在主轴 3 上，然后把主轴移动到规定位置。

（3）从箱体后端，把后轴承壳体分组件装入箱体并拧紧螺钉。

（4）将圆锥滚子轴承 10 的内圈装在主轴上，敲击时用力不要过大，以免主轴移动。

（5）依次装入衬套 11、盖板 12、圆螺母 13 及法兰分组件 14 并拧紧所有螺钉。

（6）调整、检查。

第九章 数控加工实训

第一节 数控车加工工艺设计

一、实训目的

（1）了解数控加工工艺知识；
（2）懂得零件的数控加工所包含的内容；
（3）会编制一般零件的数控加工工序；
（4）为后续学习相关专业知识作铺垫；
（5）提高工程意识、拓展创新能力。

二、实训准备知识

数控加工工艺设计的主要任务是为一道工序选择机床、夹具、刀具及量具、切削液，确定定位夹紧方案、走刀路线与工步顺序、加工余量、工序尺寸及其公差、切削用量和工时定额等，为编制加工程序做好充分准备。下面就相关问题进行讨论。

1. 机床的选择

当工件表面的加工方法确定之后，机床的种类也就基本上确定了。但是，每一类机床都有不同的形式，其工艺范围、技术规格、加工精度、生产率及自动化程度都各不相同。

2. 夹具的选择

正确选择夹具是数控机床分析的重要内容。正确合理地选择夹具具有以下意义：① 保证稳定的加工精度；② 提高劳动生产效率；③ 扩大机床工艺范围；④ 改善劳动条件，降低对工人技术要求的水平。

3. 刀具的选择

与传统加工方法相比，数控加工对刀具的要求更高，不仅要求精度高、强度大、刚度好、耐用度高，而且要求尺寸稳定、安装调整方便。这就要求采用新型优质材料制造数控加工刀具，并合理选择刀具结构、几何参数。

4. 量具的选择

数控加工主要用于单件小批生产，一般采用量具，如量块、游标卡尺、百分表、内外径千分尺、深度尺、表面粗糙度测量仪等。对于成批生产和大批量生产中部分数控工序，应采用各种量规和一些高生产效率的专用检具与量具等。量具精度必须与加工精度相适应。

5. 定位与夹紧方案的确定

工件的定位基准与夹紧方案的确定，应遵循有关定位基准的选择原则与工件夹紧的基本要求。此外，还应该注意：① 力求设计基准、工艺基准与编程原点统一，以减少基准不重合误差和数控编程中的计算工作量；② 设法减少装夹次数，尽可能做到一次定位装夹后能加工出工件上全部或大部分待加工表面，以减少装夹误差，提高加工表面之间的相互位置精度，充分发挥数控机床的效率；③ 避免采用占机人工调整式方案，以免占机时间太多，影响加工效率。

6. 确定进给路线和工步顺序

进给路线是刀具在整个加工工序中相对工件的运动轨迹，不但包括了工步的内容，而且也反映出工步的顺序。进给路线是编写程序的依据之一。因此，在确定进给路线时最好画一张工序简图，将已经拟定出的进给路线画上去（包括进、退刀路线），这样可为编程带来不少方便。

工步顺序是指同一道工序中，各个表面加工的先后次序。它们对零件的加工质量、加工效率和数控加工中的进给路线有直接影响，应根据零件的结构特点和工序的加工要求等合理安排。工步的划分与安排，一般可随进给路线来进行。

确定数控车床加工路线时，需要考虑下面几个问题：

（1）对大余量毛坯进行阶段切削时的加工路线。如图 9.1.1 所示为车削大余量工件的两种加工路线，图 9.1.1（a）是错误的阶梯切削路线；图 9.1.1（b）按 1~6 的顺序切削，每次切削所留余量相等，是正确的阶梯切削路线。因为在同样背吃刀量的条件下，按图 9.1.1（a）方式加工所剩的余量过多。

根据数控加工的特点，还可以放弃常用的阶梯车削法，改用依次从轴向和径向进刀、顺工件毛坯轮廓进给的路线。

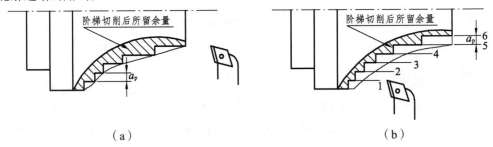

（a）　　　　　　　　　　　　　　（b）

图 9.1.1　车削大余量工件的加工路线

（2）分层切削时刀具的终止位置。当某表面的余量较多需分层多次进给切削时，从第二刀开始就要注意防止进给到终点时背吃刀量的猛增。如图 9.1.2 所示，设以 90° 主偏角刀分层车削外圆，合理的安排应是每一刀的切削终点依次提前一小段距离 e（如可取 $e = 0.05$ mm）。如果 $e = 0$，则每一刀都终止在同一轴向位置上，主切削刃就可能受到瞬时的重负荷冲击。当刀具的主偏角大于 90° 但仍然接近 90° 时，也宜做出层层递退的安排，经验表明，这对延长粗加工刀具的寿命是有利的。

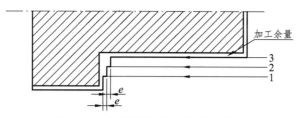

图 9.1.2　分层切削时刀具的终止位置

（3）车螺纹时的加工路线。在数控车床上车螺纹时，沿螺距方向的 Z 向进给应和车床主轴的旋转保持严格的速比关系，因此应避免在进给机构加速或减速的过程中切削。为此规定引入距离 δ_1 和超越距离 δ_2。如图 9.1.3 所示，δ_1 和 δ_2 的数值与车床进给系统的动态特性、螺纹的螺距和精度有关。一般 δ_1 为 2～5 mm，对大螺距和高精度的螺纹取大值；δ_2 一般取 δ_1 的 1/4 左右。若螺纹收尾处没有退刀槽时，收尾处的形状与数控系统有关，一般按 45° 退刀收尾。

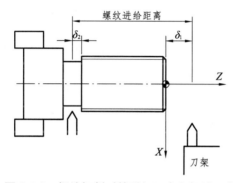

图 9.1.3　螺纹切削时的引入距离和超越距离

7. 工序加工余量的确定

余量太大，会造成材料及工时浪费，增加机床、刀具及动力消耗；余量太小，则无法消除上一道工序留下的各种误差、表面缺陷和本工序的装夹误差。因此，应根据影响余量大小的因素合理地确定加工余量。

（1）经验估算法。经验估算法是凭借工艺人员的实践经验估计加工余量，所估余量一般偏大，仅用于单件小批生产。

（2）查表修正法。查表修正法是先从加工余量手册中查得所需数据，然后再结合实际情况进行适当修正。此方法目前应用最广。注意，查表所得余量为基本余量，对称表面的加工余量是双边余量，非对称表面的加工余量是单边余量。

（3）分析计算法。分析计算法是根据加工余量的计算公式和一定的试验资料，通过对影响加工余量的各项因素进行综合分析和计算来确定加工余量的一种方法。用这种方法确定的加工余量比较经济合理，但必须有比较全面和可靠的试验资料。分析计算法适用于贵重材料和军工生产。

8. 切削用量的确定

切削用量包括背吃刀量 a_p、进给量 f、切削速度 v（主轴转速 n）。切削用量的大小对切削力、切削功率、刀具磨损、加工质量和加工成本均有显著影响。切削速度一般通过查表获得，见表 9.1.1。

在保证加工质量前提下，应尽量提高生产效率和降低加工成本。

表 9.1.1 切削速度参考表

工件材料	刀具材料	$a_p = 0.38 \sim 0.13$（mm） $f = 0.13 \sim 0.05$（mm/r）	$a_p = 2.4 \sim 0.38$（mm） $f = 0.38 \sim 0.13$（mm/r）	$a_p = 4.7 \sim 2.4$（mm） $f = 0.76 \sim 0.38$（mm/r）	$a_p = 9.5 \sim 4.7$（mm） $f = 1.3 \sim 0.76$（mm/r）
		v（m/min）			
低碳钢 低碳合金钢	高速钢	—	70 ~ 90	45 ~ 65	20 ~ 40
	硬质合金	215 ~ 365	165 ~ 215	120 ~ 165	90 ~ 120
中碳钢 中碳合金钢	高速钢	—	45 ~ 60	30 ~ 40	15 ~ 20
	硬质合金	130 ~ 165	100 ~ 130	75 ~ 100	55 ~ 75
灰铸铁	高速钢	—	35 ~ 45	25 ~ 35	20 ~ 25
	硬质合金	135 ~ 185	105 ~ 135	75 ~ 105	60 ~ 75
黄铜或青铜	高速钢	—	85 ~ 105	70 ~ 85	45 ~ 70
	硬质合金	215 ~ 245	185 ~ 215	150 ~ 185	120 ~ 150
铝合金	高速钢	105 ~ 150	70 ~ 105	45 ~ 70	30 ~ 45
	硬质合金	215 ~ 300	135 ~ 215	90 ~ 135	60 ~ 90

9. 工序尺寸的确定

零件的设计尺寸一般要经过几道加工工序才能最终得到，工序尺寸就是指某道工序加工应达到的尺寸。工序尺寸的公差是在确定工序后，根据设计尺寸、加工余量、每道工序的经济加工精度来确定的，同时还需要考虑工件原点的位置、定位基准、工序基准等因素。

10. 切削液的选择

使用切削液可以减少切削过程中的摩擦，降低切削力和切削温度。合理使用切削液，对于提高刀具使用寿命、加工表面质量和加工精度有着重要的作用。在数控机床上加工工件时，加工精度比较高且机床的加工速度也比普通机床的要高，因此在数控机床上切削液的使用比普通机床上要显得更加重要。

11. 时间定额

时间定额是指在一定生产条件下，规定生产一件产品或完成一道工序所需消耗的时间。它是安排生产计划、计算生产成本的重要依据，也是新建或扩建工厂（或车间）时计算设备和工人数量的依据。一般通过对实际操作时间的测定与分析计算相结合的方法确定。使用中，时间定额还应定期修订，以使其保持平均先进水平。

12. 对刀点与换刀点的确定

在编程时，应正确地选择"对刀点"和"换刀点"的位置。"对刀点"就是在数控机床上加工零件时，刀具相对于工件运动的起始点。对刀点选定后，即确定了机床坐标系和零件坐标系的相互位置关系。

选择对刀点应遵循以下原则：① 便于用数字处理和简化程序编制；② 在机床上找正容易，加工中便于检查；③ 引起的加工误差小。

加工过程中需要换刀时，应规定换刀点。所谓"换刀点"是指刀架转位换刀时的位置。换刀点应设在工件或夹具的外部，以刀架转位时不碰工件及其他部件为准。其设定值可用实际测量方法或计算确定。

13. 编写数控加工技术文件

数控加工专业技术文件是数控加工工艺设计过程中需要完成的，这些专业技术文件既是编写数控加工程序的重要依据，也是需要机床操作者遵守、执行的规则。有的则是加工程序的具体说明，目的是让操作者更加明确程序的内容、安装与定位方式、各个加工部位所选用的刀具及其他问题。下面介绍几种数控加工专用技术文件，以供参考。

1）数控加工工序卡

数控加工工序卡与普通加工工序卡有许多相似之处，是机床操作人员配合数控加工工序进行数控加工的主要指导性工艺资料。工序卡应该按照已确定的工艺路线填写。它主要包括工步顺序、工步内容、各工步所用刀具和切削用量等。当工序内容十分复杂时，也可以把工序简图画在工序卡上。表9.1.2是某单位的工序卡。

表 9.1.2 数控加工工序卡

××单位		数控加工工序卡		产品名称和代号	零件名称	零件图号	
××单位		数控加工工序卡		产品名称和代号	零件名称	×××	
工艺序号		程序编号		夹具名称	夹具编号	使用设备	车间
×××		×××		三爪自定心卡盘	×××	数控车床	×××
工步号	工步内容		刀具号	刀具规格	主轴转速（r·min^{-1}）	进给速度（mm·r^{-1}）	背吃刀量（mm）	备注
1								
2								
3								
4								
5								
...								
编制	×××	审核	×××	批准	×××	年 月 日	共 页	第 页

2）数控加工刀具卡

数控加工刀具卡是组装刀具和调整刀具的依据，内容包括刀具号、刀位号、刀具规格名称、加工表面、刀补数据等。机床操作人员应根据刀具卡准备好刀具，如果是在加工中心上操作，应将每把刀放入对应的刀位中。表9.1.3是某单位的刀具卡。

表 9.1.3 数控加工刀具卡

产品名称		×××	零件名称		×××	零件图号	×××
序号	刀具号	刀具规格、名称		数量	加工表面	刀尖半径	备注
1							
2							
3							
4							
⋮							
编制	×××	审核	×××	批准	×××	共 页	第 页

3）数控加工程序单

数控加工程序单的形成有两种：一是编程员根据工艺分析结果，经过数据计算，按照机床的指令代码编制；二是使用 CAM 软件对三维零件模型进行分析和计算，产生加工路径，然后经后置处理器处理生成。数控加工程序单包含了加工过程中所有的工艺信息、位移数据、机床开关动作指令，是人与机床进行交流的最重要文件。注意，不同的数控机床、不同的数控系统，程序单的格式是不一样的。

实践证明，仅用加工程序单来进行实际加工是不够的，还必须对程序单进行详细地说明。一般对程序需要说明以下几点：① 所使用的数控设备型号及控制系统型号；② 对刀点及允许的对刀误差；③ 工件的安装方向和大致位置；④ 在换刀程序段上注明使用刀具类型和规格。

三、实训示例

编制图 9.1.4 所示零件的数控加工工艺。

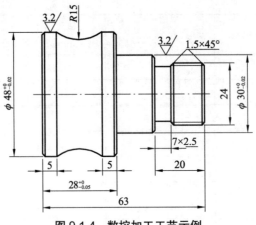

图 9.1.4 数控加工工艺示例

1. 零件图工艺分析

该零件加工表面由圆柱面、圆弧面以及螺纹面组成，其中多个径向尺寸和轴向尺寸有较高的尺寸精度和表面粗糙度要求。零件图轮廓描述清晰完整，尺寸标注完整，符合数控加工尺寸标注要求；零件材料为 45 钢，无热处理和硬度要求，切削加工性能较好。

通过上述分析，采用以下几点工艺措施：

① 零件图样上带公差的尺寸公差值较小，就按基本尺寸编程。

② 从图上的标注尺寸看，左右两边的尺寸基本上是以其各自的端面为设计基准的，所以加工时将端面作为加工的基准。

③ 选择毛坯为直径 50 mm 的棒料，装夹毛坯外圆并使其伸出长 80 mm，加工 $\phi30^{+0}_{-0.02}$ 外圆、M24 螺纹、$\phi48^{+0}_{-0.02}$ 外圆和 R15 圆弧。再将零件从棒料上切断，然后掉头夹持在 $\phi30^{+0}_{-0.02}$ 表面，加工端面保证尺寸 $28^{+0}_{-0.05}$。

2. 刀具选择

选用 90°外圆粗车刀（刀尖角大，副偏角小）车削端面、粗车外圆表面。

选用 90°外圆精车刀（刀尖角小，副偏角大）精车外圆表面。

选用 5 mm 切槽车刀加工螺纹退刀槽和切断工件。

选用 60°三角螺纹车刀加工圆弧和螺纹。

将所选定的刀具参数填入表 9.1.4 所示数控加工刀具卡中，以便编程和操作管理。

表 9.1.4　数控加工刀具卡

产品名称		×××	零件名称	×××	零件图号	×××
序号	刀具号	刀具规格、名称	数量	加工表面	刀尖半径	备注
1	T0101	90°外圆粗车刀	1	车削端面 粗车外圆表面		
2	T0202	90°外圆精车刀	1	精车外圆表面		
3	T0303	5 mm 切槽车刀	1	车削螺纹退刀槽 工件的切断		
4	T0404	60°三角螺纹车刀	1	车圆弧、车螺纹		
编制	×××	审核　　×××	批准	×××	共　页	第　页

3. 夹具选择

此零件加工选用车床上常用的三爪自定心卡盘。掉头夹持在 $\phi30^{+0}_{-0.02}$ 表面上加工尺寸 $\phi28^{+0}_{-0.05}$ 时，为了防止 $\phi30^{+0}_{-0.02}$ 已加工表面被三爪自定心卡盘夹伤，用铜皮包住此外圆表面再找正并夹紧。

4. 确定加工顺序及进给路线

加工顺序的确定按由粗到精、由近到远的原则确定，在一次装夹中尽可能加工出较多的工作表面。由于该零件为单件小批量生产，进给路线设计不必考虑最短进给路线或最短空行程路外轮廓表面车削进给路线可沿零件轮廓顺序进行。

5. 切削用量的选择

背吃刀量的选择：轮廓粗车时选 $a_p = 2$ mm 左右，精车 $a_p = 0.25$ mm；螺纹粗车时 $a_p = 0.4$ mm，精车 $a_p = 0.1$ mm。

进给量的选择：根据查表和实际经验，粗车时选择 0.2 mm/r；精车时选择 0.05 mm/r。

主轴转速的选择：车直线和圆弧时，查表可以选择切削速度（取 $v = 130$ mm/min），然后利用公式计算主轴转速 $n = \dfrac{1\,000v}{\pi d}$（粗车工件直径 $d = 50$ mm，精车工件直径取平均值），确定主轴转速 $n = 800$ r/min、精车主轴转速 $n = 1\,000$ r/min。车螺纹时，可根据螺纹相关参数、刀具和机床的性能进行切削用量选择，这里选择主轴转速 $n = 500$ r/min。

综合前面分析的各项内容，将其填入表 9.1.5 所示数控加工工艺卡中。此表是编制加工程序的主要依据和操作人员配合程序进行数控加工的指导性文件，主要内容包括：工步顺序、工步内容、各工步所用的刀具和切削用量等。

表 9.1.5　数控加工工艺卡

实训中心	数控加工工序卡		产品名称和代号	零件名称	零件图号
					×××
工艺序号	程序编号	夹具名称	夹具编号	使用设备	车间
×××	×××	三爪自定心卡盘	×××	数控车床	×××
工步号	工步的内容	刀具号	刀具规格	主轴转速（r·min⁻¹）	进给速度（mm·r⁻¹）	背吃刀量（mm）	备注
1	车端面	T0101	90°外圆粗车刀	800	0.2	1	
2	粗车螺纹大径 $\phi 23.9$ mm、外圆的 $\phi 30$、$\phi 48$	T0101	90°外圆粗车刀	800	0.2	3	
3	工序 2 的精加工	T0202	90°外圆精车刀	1 000	0.05	0.25	
4	退刀槽 7×2.5	T0303	5 mm 切槽车刀	500	0.05		
5	粗车 R15 凹圆弧	T0404	60°三角螺纹车刀	500	0.2	2	
6	车 R15 凹圆弧	T0404	60°三角螺纹车刀	800	0.05	0.25	
7	车三角螺纹	T0404	60°三角螺纹车刀	500		0.4/0.1	
8	切断工件	T0303	5 mm 切槽车刀	400	0.1		
9	掉头装夹车端面	T0101	90°外圆粗车刀	800			手动
编制	××× 审核 ×××	批准	×××	年 月 日	共 页	第 页	

四、实训总结

对于一个零件来说，并非全部加工工艺过程都适合在数控机床上完成，而往往只是其中的一部分工艺内容适合数控加工。这就需要对零件图样进行仔细的工艺分析，选择那些最适合、最需要进行数控加工的内容和工序。在考虑选择内容时，应结合实际，立足于解决难题、攻克关键问题和提高生产效率，充分发挥数控加工的优势。

适于数控加工的内容，在选择时，一般可按下列顺序考虑：

（1）通用机床无法加工的内容应作为优先选择内容。

（2）通用机床难加工、质量也难以保证的内容应作为重点选择内容。

（3）通用机床加工效率低、工人手工操作劳动强度大的内容，可在数控机床尚存在富裕加工能力时选择。

一般来说，上述这些加工内容采用数控加工后，产品质量、生产效率与综合效益等方面都会得到明显提高。相比之下，下列一些内容不宜选择采用数控加工：

（1）占机调整时间长的工序，如以毛坯的粗基准定位加工第一个精基准，需用专用工装协调的内容。

（2）加工部位分散，需要多次安装、设置原点的工序。这时，采用数控加工很麻烦，效果不明显，可安排通用机床加工。

（3）按某些特定的制造依据（如样板等）加工的型面轮廓。主要原因是获取数据困难，容易与检验依据发生矛盾，增加了程序编制的难度。

此外，在选择和决定加工内容时，也要考虑生产批量、生产周期、工序间周转情况等。总之，要尽量做到合理，达到多、快、好、省的目的。

第二节　数控车基本编程及应用

一、实训目的

（1）了解数控车床编程的相关概念；

（2）理解和应用数控车编程基本指令；

（3）会对工件轮廓基点进行正确分析和处理；

（4）会使用基本指令进行编程。

二、实训准备知识

1. 程序段的组成与格式

数控程序由若干个程序段组成，每个程序段由按照一定顺序和规定排列的"字"组成。"字"是由表示地址的英文字母、特殊文字和数字集合而成，表示某一功能的组代码符号。如 X500 为一个字，表示 X 向尺寸为 500；F20 为一个字，表示进给速度为 20（具体值由规定的代码方法决定）。字是控制带或程序的信息单位。程序段格式是指一个程序段中各字的排列顺序及其表达方式。

程序段格式有许多种，如固定顺序程序段格式、有分隔符的固定顺序程序段格式、字地址程序段格式等。例如：

O0201

…

N130 G01X32. Z-15.F0.3 S800 T0202 M05;

从上例可以看出，程序段由顺序号字、准备功能字、尺寸字、进给功能字、主轴功能字、刀具功能字、辅助功能字和程序结束符组成。此外，还有暂停、子程序调用等。每个字都由字母开头，称为"地址"。表 9.2.1 列出了 FANUC Oi Mate 数控系统常用地址符及其含义。

表 9.2.1　FANUC Oi Mate 数控系统常用地址符及其含义

功　能	地　址	意　义
程序名	O	程序号指定
程序号	N	顺序号指定
准备功能	G	运动方式（直线、圆弧、螺纹）指定
坐标（尺寸）字	X、Z、U、W	坐标轴移动量指定
	R	圆弧半径指定
	I、K	圆弧中心坐标（矢量）指定
进给功能	F	进给速度、螺纹导程（螺距）指定
主轴功能	S	主轴转速指定
刀具功能	T	刀具号、刀补号指定
辅助功能	M	控制机床各种辅助动作及开关状态
暂停	P、U、X	暂停时间指定
子程序调用	P、L	调用子程序号与调用子程序次数指定
结束符	；	程序段结束指定

1）程序号

用来表示程序从启动开始操作的顺序，即程序段执行的顺序号。它用地址码"N"和后面的数字表示。

2）准备功能字

也称为 G 代码，准备功能是使数控装置作某种操作的功能，它一般紧跟在程序段序号后面，用地址码"G"和两位数字来表示。FANUC Oi Mate 数控系统的 G 代码功能及用途见表 9.2.2。

表 9.2.2　FANUC Oi Mate 数控系统的 G 代码功能及用途

G 代码	组	功　能	G 代码	组	功　能
*G00	01	定位（快速移动）	G57	14	选择工件系统系 4
G01		直线切削	G58		选择工件系统系 5
G02		圆弧插补（CW，顺时针）	G59		选择工件系统系 6
G03		圆弧插补（CCW，逆时针）	G70	00	精加工循环
G04	00	暂停	G71		内外径粗切循环
G09		停于精确的位置	G72		台阶粗切循环

G 代码	组	功　能	G 代码	组	功　能
G20	06	英制输入	G73		成形重复循环
G21		米制输入	G74		Z 向进给钻削
G22	04	内部行程限位有效	G75		X 向切槽
G23		内部行程限位无效	G76		切螺纹循环
G27	00	检查参考点返回	*G80		固定循环取消
G28		参考点返回	G83		钻孔循环
G29		从参考点返回	G84		攻螺纹循环
G30		回到第二参考点	G85	10	正面镗循环
G32	01	切螺纹	G87		侧钻循环
*G40	07	取消刀尖半径偏置	G88		侧攻螺纹循环
G41		刀尖半径偏置（左侧）	G89		侧镗循环
G42		刀尖半径偏置（右侧）	G90		（内外直径）切削循环
G50	00	主轴最大转速设置（坐标系设定）	G92	01	切螺纹循环
G52		设置局部坐标系	G94		（台阶）切削循环
G53		选择机床坐标系	G96	12	恒线速度控制
*G54	14	选择工件坐标系 1	*G97		恒线速度控制取消
G55		选择工件坐标系 2	G98	05	指定每分钟移动量
G56		选择工件坐标系 3	*G99		指定每转移动量

注：带*者表示开机时会初始化的代码。

3）尺寸字

尺寸字是给定机床各坐标轴位移的方向和数据的，它由各坐标轴的地址代码及数字组成。尺寸字一般安排在 G 功能字的后面。尺寸字的地址代码，对于进给运动为：X、Y、Z、U、V、W、P、Q、R；对于回转运动为：A、B、C、D、E。此外，还有插补参数字：I、J、K 等。

4）进给功能字

进给功能字给定刀具对于工件的相对速度，由地址码"F"和其后面的若干位数字构成。这个数字取决于每个数控装置所采用的进给速度指定方法。进给功能字应写在相应轴尺寸字之后，对于几个轴合成运动的进给功能字，应写在最后一个尺寸字之后。一般单位为 mm/min，切削螺纹时用 mm/r 表示，在英制单位中用英寸表示。

5）主轴转速功能字

主轴转速功能也称为 S 功能，该功能字用来选择主轴转速，它由地址码"S"和其后面的若干位数字构成。主轴速度用于控制带动工件旋转的主轴的转速，单位用 r/min 表示。实际加工时，主轴转速还受到机床面板上的主轴速度修调倍率开关的影响。根据加工条件查得切削速度 v_c 后，即可按公式 $n = \dfrac{1\,000 v_c}{\pi d}$ 求得 n。例如：若要求车直径为 60 mm 的外圆时切削速度控制到 48 mm/min，

换算得 $n = 250$ r/min（转/分钟），则在程序中指令为 S250。

6）刀具功能字

该功能也称为 T 功能，它由地址码"T"和后面的若干位数字构成。刀具功能字用于更换刀具时指定刀具或显示待换刀号，有时也能指定刀具位置补偿。

7）辅助功能字

辅助功能也称为 M 功能，该功能指定除 G 功能之外的种种"通断控制"功能，它一般用地址码"M"和后面的两位数字表示。常用的辅助功能 M 代码含义及其用途见表 9.2.3。

表 9.2.3 常用的辅助功能 M 代码含义及其用途

功能	含　义	用　　途
M00	程序停止	实际上是一个暂停指令，当执行有 M00 指令的程序段后，主轴的转动、进给、切削也都将停止。它与单程序段停止相同，模态信息全部被保存，以便进行第一手动操作，如换刀、测量工件的尺寸等。重新启动机床后，继续执行后面的程序
M01	选择停止	与 M00 的功能基本相似，只有在按下机床操作面板上"选择停止"按钮后，M01 才有效，否则机床继续执行后面的程序段；按下操作面板上的"启动"键，继续执行后面的程序
M02	程序结束	该指令编在程序的最后一条，表示执行完程序内所有指令后，主轴停止、进给停止、切削液关闭，机床处在复位状态
M30	程序结束	使用 M30 时，除表示执行 M02 的内容外，还返回到程序的第一条语句，准备下一个工件的加工
M03	主轴正转	用于主轴顺时针方向转动
M04	主轴反转	用于主轴逆时针方向转动
M05	主轴停止转动	用于主轴停止转动
M06	换刀	用于加工中心的自动换刀动作
M07	切削液开（液冷）	用于切削液开
M08	切削液开（雾冷）	用于切削液开
M09	切削液关	用于切削液关
M98	子程序调用	用于调用子程序
M99	子程序返回	用于子程序结束及返回

8）程序段结束符

每一个程序段结束之后，都应加上程序段结束符。如"；"是 FANUC 数控装置程序段结束符的简化符号。

2. 坐标系

数控车床坐标系分为机床坐标系和工件坐标系（编程坐标系）。

1）机床坐标系

以机床原点为坐标系原点建立起来的 X、Z 轴直角坐标系，称为机床坐标系。车床的机床原点为主轴旋转中心与卡盘后端面的交点。机床坐标系是制造和调整机床的基础，也是设置工件坐标系的基础，一般不允许随意改动，如图 9.2.1 所示。

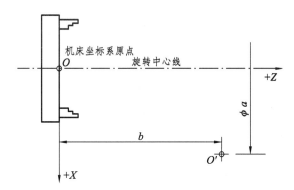

图 9.2.1　机床坐标系原点设定

操作者在机床通电后执行手动返回参考点设定机床坐标系。机床坐标系一经设定，就保持不变直至断电。

2）工件坐标系（编程坐标系）

数控编程时应该首先确定工件坐标系和工件原点。零件在设计中有设计基准，在加工过程中有工艺基准，同时应尽量将工艺基准与设计基准统一，该统一的基准点通常称为工件原点。以工件原点为坐标原点建立起来的 X、Z 轴直角坐标系，称为工件坐标系。在车床上，工件原点可以选择在工件的左或右端面上，即工件坐标系是将参考坐标系通过对刀平移得到的，如图 9.2.2 所示。

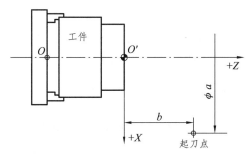

图 9.2.2　工件坐标系原点的选择

3）参考点

参考点是机床上的一个固定点。该点是刀具退离到一个固定不变的极限点，其位置由机械挡块或行程开关来确定。以参考点为原点，坐标方向与机床坐标系方向相同建立的坐标系称为参考坐标系，在实际使用中通常是以参考坐标系计算坐标值。机床通电后，可采用手动返回参考点或使用 G28 X（α）Z（β）指令自动返回参考点。

3. 数控加工编程方式

数控车床的编程方式分为绝对编程方式、增量编程方式和混合编程方式。绝对编程是指程序段中的坐标点值均是相对于坐标原点来计算的，常用 G90 来指定。增量（相对）编程是指程序段中的坐标点值均是相对于起点来计算的，常用 G91 来指定。混合编程方式是指允许在同一程序段中混合使用绝对编程方式和相对编程方式，这种编程方式不需要在程序段前用 G90 或 G91 来指定。编程时一般用 X、Z 表示绝对坐标编程，用 U、W 表示相对坐标编程。如图 9.2.3 所示数控加工编程方式，切削 AB 面，从 $A \to B$，可用：

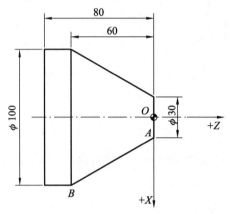

图 9.2.3　数控加工编程方式

绝对：G01　X100. Z-60；

相对：G01　U35. W-60；

混合：G01　X100. W-60；或 G01 U35. Z-60；

直径编程与半径编程：当地址 X 后所跟的坐标值是直径时，称为直径编程，如前所述直线 AB 编程例子；当地址 X 后所跟的坐标值是半径时，称半径编程。则上述语句应写为：

G90 G01　X50.Z-60.；

注：（1）直径或半径编程方式可在机床控制系统中用参数来指定。

（2）无论是直径编程还是半径编程，圆弧插补时 R、I 和 K 的值均以半径值计量。

4. 数控车削加工编程的内容

一般来讲，数控车削加工程序编制包括以下几个方面工作：

（1）加工工艺分析。编程人员首先要根据零件图样，对零件的材料、形状、尺寸、精度和热处理要求等进行加工工艺分析，合理地选择加工方案，确定加工顺序、加工路线、装夹方式、刀具及切削参数等；同时还要考虑所用数控机床的指令功能，充分发挥机床的效能，使加工路线短，对刀点、换刀点选择正确，换刀次数少。

（2）数值计算。根据零件图的几何尺寸确定工艺路线并设定坐标系，计算零件粗、精加工运动的轨迹，得到刀位数据。对于形状比较简单的零件（如直线和圆弧组成的零件）的轮廓加工，要计算出几何元素的起点、终点、圆弧的圆心、几何元素的交点或切点的坐标值，有的还要计算刀具中心的运动轨迹坐标值。对于形状比较复杂的零件（如非圆曲线、曲面组成的零件），需要用直线段或圆弧段逼近，根据加工精度的要求计算出节点坐标值，这种计算一般要用计算机来完成。

（3）编写零件加工程序单。加工路线、工艺参数及刀位数据确定以后，编程人员根据数控系统规定的功能指令代码及程序段格式逐段编写加工程序单。此外，还应附上必要的加工示意图、刀具布置图、机床调整卡、工序卡以及必要的说明。

（4）制备控制介质。把编制好的程序单上的内容记录在控制介质上，作为数控装置的输入信息。通过程序的手工输入或通信传输送入数控系统。

（5）程序校对与首件试切。编写的程序单和制备好的控制介质，必须经过校验和试切才能正式使用。校验的方法是直接将控制介质上的内容输入到控制装置中，让机床空运转以检查机床的运动轨迹是否正确。在有 CRT 图形显示的数控机床上用模拟刀具与工件切削过程的方法进行检验更为方便，但这些方法只能检验运动是否正确，不能检验被加工零件的加工精度。因此，要进行零件的首件试切。当发现有加工误差时，要分析误差产生的原因，找出问题所在并加以修改。

整个数控编程的内容及步骤，可用图 9.2.4 所示的框图表示。

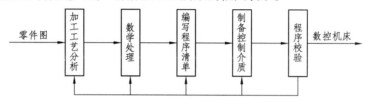

图 9.2.4　数控编程的内容及步骤

5. 加工基本指令

1）快速点定位指令（G00）

编程格式：G00 X__Z__ 或 G00 U__W__

其中：X、Z 是指快速点定位的终点绝对坐标值，U、W 是指快速点定位的终点相对坐标值。

快速点定位指令控制刀具以点位控制方式快速移动到目标位置，其移动速度由数控系统里的相关参数设定。指令执行开始后，刀具沿着各个坐标方向同时按参数设定的速度移动，最终到达终点（快到终点时自动减速）。

示例：如图 9.2.5 所示快速点定位，将当前刀具从 *A* 点快速定位到 *B* 点。

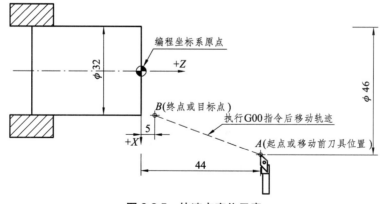

图 9.2.5　快速点定位示意

G00　X32 Z5；绝对编程方式

G00   U-14 W-39；增量编程方式

注意：在各个坐标方向上有可能不是同时到达终点，刀具移动的轨迹是几条线段的组合，不是一条直线。编程时，应了解使用的数控系统的快速定位移动轨迹情况，以避免在加工中出现碰撞。

2）直线插补指令（G01）

编程格式：G01 X__Z__F__或 G01 U__W__F__

其中：X、Z是指快速点定位的终点绝对坐标值，U、W是指快速点定位的终点相对坐标值。

示例：按图 9.2.6 所示直线插补示例，编制刀尖从 A 点到 B 点的直线插补程序。

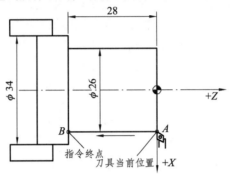

图 9.2.6   直线插补示例

G01   X26 Z-28 F0.2；绝对编程方式
G01   U0 W-28   F0.2；增量编程方式

3）圆弧插补指令（G02/G03）

编程格式：
G02/G03   X（U）__Z（W）__R__F__；
G02/G03   X（U）__Z（W）__I__K__F__；

G02/G03 选择判别：G02 为按指定进给速度的顺时针圆弧插补；G03 为按指定进给速度的逆时针圆弧插补。

示例：编制如图 9.2.7 所示的零件轮廓的加工程序。

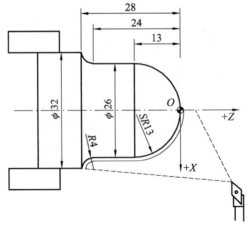

图 9.2.7   圆弧插补示例

......

G00　X0 Z2；

G01　X0 Z0 F0.2；（X0 可以不写）

G03　X26 Z-13 R13 F0.2；（F0.2 可以不写）

（G03　U13 W-13 I13 K-13 F0.2）

G01　Z-24；

G02　X32 Z-28 R4；

（G02　U6 W-4 I3 K0 F0.2）

G00　X100 Z100；

......

注意：① 圆弧插补时根据机床所采用的坐标系的不同，所选用的指令方向也不同；

② I、K 后面的数值分别是从圆弧的起点到圆弧中心的矢量在 X、Z 轴方向的分量值，该值为增量值，其正负方向由坐标方向来确定；

③ 当 I、K 值为零时，可以省略；

④ 当 I、K 值与 R 值同时指令时，R 优先；

⑤ 当用 I、K 值指令时，圆弧起点和终点半径有误差时不报警，误差值用直线相连。

三、实训示例

1. 编制如图 9.2.8 所示零件的加工程序

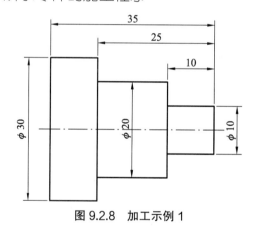

图 9.2.8　加工示例 1

1）技术条件

该零件毛坯为直径 ϕ32 mm 的铝合金棒料，采用三爪自定心卡盘夹紧。利用直线插补指令 G01 逐层切削粗加工外圆，精加工余量径向为 0.8 mm，轴向为 0.2 mm，分粗、精加工。编程原点设在工件右端面与旋转轴中心相交点。

2）示例分析

（1）建立工件坐标系（编程坐标系），坐标原点选在零件的右端面的中心线上。

（2）分析零件图，制订走刀路线，如图 9.2.9 所示。

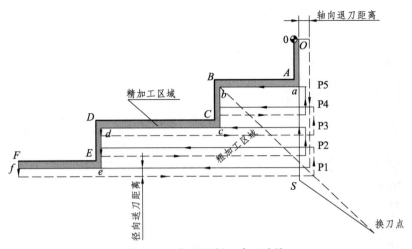

图 9.2.9　加工示例 1 走刀路线

3）计算基点的坐标值

A（X10，Z-4）

B（X10，Z-15）

X（X30，Z-30）

D（X30，Z-42）

E（X36，Z-45）

F（X36，Z-45）

P1（X30.8，Z2）

P2（X26.8，Z2）

P3（X20.8，Z2）

P4（X16.8，Z2）

P5（X10.8，Z2）

4）编写加工程序

加工示例 1 的参考程序如下：

O0809	（程序名）
N10　M03　S500;	（主轴正转，转速 500 r/min）
N20　T0101;	（换 90°右偏粗车刀）
N30　G00　X 33. Z 0.2;	（快速定位到起点 S，接近工件）
N40　G01　X0. F0.3;	（平端面，选择 0.3 mm/r 的进给量，并留余量 0.2 mm）
N50　G00　Z2.;	（轴向退刀 2 mm）
N60　X30.8;	（快速退刀到 P1 点，准备第一刀外圆切削）
N70　G01 Z-35 F0.4;	（进给量为 0.4 直线切削）
N80　G00 U1.;	（快速径向退刀 1 mm）
N90　Z2.;	（快速退刀到进刀平面）
N100　X26.8;	（快速进刀到 P2 点，准备第二刀外圆切削）
N110　G01 Z-24.8 F0.4;	（直线切削，进给量为 0.4，轴向余量 0.2 mm）

N120	U1.;	（径向退刀 1 mm）
N130	G00 Z2.;	（快速退刀到进刀平面）
N140	X20.8;	（快速进刀到 P3 点，准备第三刀外圆切削）
N150	G01 Z-24.8 F0.4;	（直线切削，进给量为 0.4，轴向余量 0.2 mm）
N160	U1.;	（径向退刀 1 mm）
N170	G00 Z2.;	（快速退刀到进刀平面）
N180	X16.8;	（快速进刀到 P4 点，准备第四刀外圆切削）
N190	G01 Z-9.8 F0.4;	（直线切削，进给量为 0.4，轴向余量 0.2 mm）
N200	U1.;	（径向退刀 1 mm）
N210	G00 Z2.;	（快速退刀到进刀平面）
N220	X10.8;	（快速进刀到 P5 点，准备第五刀外圆切削）
N230	G01 Z-9.8 F0.4;	（直线切削，进给量为 0.4，轴向余量 0.2 mm）
N240	G00 X100. Z80.;	（快速退刀到换刀点）
N250	T0202;	（换 90°右偏精车刀）
N260	S800;	（提高主轴转速到 800 r/min）
N270	G00 X11. Z0;	（快速定位，准备端面精加工）
N280	G01 X0.F0.08;	（精加工端面）
N290	G00 Z1.;	（轴向退刀 1 mm）
N300	X10.	
N310	G01 Z-10. F0.1;	
N320	X20.;	
N330	Z-25.;	
N340	X30.;	
N350	Z-35.;	
N360	G00 X100. Z80.;	（快速退刀到换刀点）
N370	M05;	（停主轴）
N380	T0101;	（换回粗加工刀）
N390	M30;	（程序结束）

2. 利用数控车基本指令编制如图 9.2.10 所示零件的精加工程序

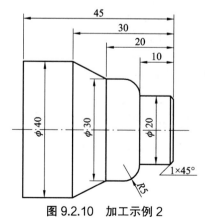

图 9.2.10 加工示例 2

1）技术条件

该零件毛坯为直径 ϕ45 mm 的铝合金棒料，采用三爪自定心卡盘夹紧。精加工余量径向为 0.8 mm，轴向为 0.2 mm，编程原点设在工件右端面与旋转轴中心相交点。

2）示例分析

（1）建立工件坐标系（编程坐标系），坐标原点选在零件的右端面的中心线上。

（2）分析零件图，制订走刀路线，如图 9.2.11 所示。

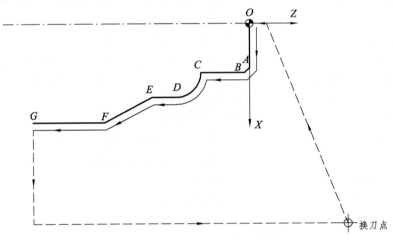

图 9.2.11　加工示例 2 走刀路线

3）计算基点的坐标值

A（X18，Z0）

B（X20，Z－1）

C（X20，Z－10）

D（X30，Z－15）

E（X30，Z－20）

F（X40，Z－30）

G（X40，Z－45）

4）编写加工程序

O0810	（程序名）
N10　M03　S800；	（主轴正转，转速 500 r/min）
N20　T0202；	（精车刀）
N30　G00 X0. Z2；	（快速定位，准备精加工）
N40　G01 Z0.F0.1；	（切削到 O 点）
N50　X18.；	（切削到 A 点）
N60　X20. Z-1.；	（切削到 B 点，倒角）
N70　Z-10；	（切削到 C 点）

N80	G03 X30. Z-15. R5.;	（切削到 D 点）
N90	G01 Z-20.;	（切削到 E 点）
N100	X40 Z-30.;	（切削到 F 点）
N110	Z-45.	（切削到 G 点）
N120	G00 X100.;	（快速径向退刀）
N130	Z80.;	（快速轴向退刀）
N140	M05;	（停主轴）
N150	M30;	（程序结束）

四、实训总结

在编写数控车床的加工程序时，需要认真确定走刀路线。走刀路线是刀具在整个加工过程中的运动轨迹，它不但包括了工步的内容，也反映出工步的顺序。走刀路线是编写程序的主要依据，因此，在确定走刀路线时，最好画一张工序简图，将已经拟出的走刀路线画上去，包括进刀路线、退刀路线，这样可以为编程带来方便。工序的划分与安排一般按走刀路线来进行。在确定走刀路线时，主要考虑：① 寻求最短的加工路线，减少空走刀时间，提高工作效率；② 尽量减少在轮廓处停刀，以免留下刀痕，也要避免在工件轮廓面上进、退刀而划伤工件；③ 为保证工件轮廓表面加工后的粗糙度要求，最终轮廓应安排一次最后连续走刀；④ 尽量减少换刀次数。

第三节　数控车简化编程及应用

一、实训目的

（1）懂得基点的计算方法；
（2）理解和应用复合循环指令；
（3）会使用复合循环指令编程，拓展数控车的应用范围并能对工件质量进行正确分析处理；
（4）勤于动脑、大胆实践、勇于探索，提高创新能力。

二、实训准备知识

对数控车床而言，非一刀加工完成的轮廓表面、加工余量较大的表面，采用循环编程，可以缩短程序段的长度，减少程序所占内存。

1. 直线切削（圆柱面）固定循环

编程格式为：G90 X(U)__ Z(W)__ F__

其中，X、Z 为圆柱面切削终点绝对坐标值，U、W 为圆柱面切削终点相对循环起点的增量值，其走刀路线如图 9.3.1 所示。

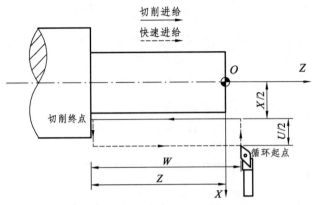

图 9.3.1　G90 圆柱面加工走刀路线

示例：图 9.3.2 用直径 32 mm 的棒料车削直径 20 mm、长 32 mm 的阶梯轴，每刀吃深 2 mm（半径指定）。起刀点（循环起始点）坐标为 A（35，2）。

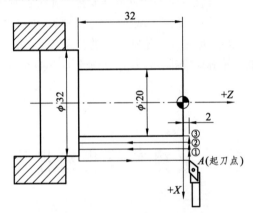

图 9.3.2　G90 圆柱面加工示例

……
G00 X35 Z2；快速移动到循环起始点
G90 X28 Z-32 F0.2
X24；
X20；
G00 X100 Z100；
……

2.　锥形切削固定循环（锥面的定义是素线的斜度≤45°）

编程格式为：G90 X(U)__ Z(W)__ R__F__
其中，X、Z 为圆锥面切削终点绝对坐标值，U、W 为圆锥面切削终点相对循环起点的增量值，R 为切削始点与圆锥面切削终点的半径差（车削柱面时，R＝0，可以不写）。

本指令完成的动作（虚线表示快速）如图 9.3.3 所示，其中刀尖从右下向左上切削，R < 0。

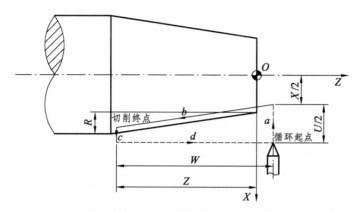

图 9.3.3　G90 圆锥面加工走刀路线

示例：编制如图 9.3.4 所示的圆锥面加工程序，起刀点（循环起始点）坐标为 A（35，2）。

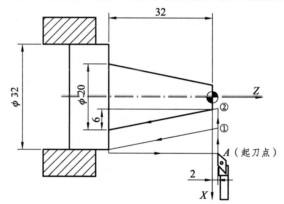

图 9.3.4　G90 圆锥面加工示例

……

G00 X35 Z2；快速移动到循环起始点

G90 X32 Z-32 R-6 F0.2

X20；

G00 X100 Z100；

……

3. 端面车削固定循环（G94）

平端面车削固定循环编程格式为：G94 X(U)__Z (W)__ F__

锥形切削固定循环编程格式为：G94 X(U)__Z(W)__ K(或 R)__F__

其中，X、Z 为圆锥面切削终点坐标值，U、W 为圆锥面切削终点相对循环起点的增量值，K（或 R）为端面切削始点与切削终点在 Z 轴方向的坐标增量。

如图 9.3.5 和图 9.3.6 所示，刀具从循环起点开始按矩形循环，最后又回到循环起点，图中刀具路径中 a、d 为快速移动，b、c 为进给运动。

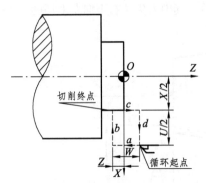

图 9.3.5 G94 端面加工走刀路线（柱面）

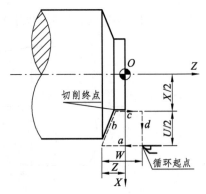

图 9.3.6 G94 端面加工走刀路线（锥面）

4. 螺纹车削循环 G92

圆柱螺纹的编程格式为：G92 X(U)＿Z(W)＿F＿

锥螺纹的编程格式为：G92 X(U)＿Z(W)＿R＿F＿

其中，X、Z 为螺纹终点绝对坐标值，U、W 为螺纹终点相对循环起点的增量值，R 为锥螺纹始点与终点的半径差，F 为进给量，采用与螺距相对应的旋转进给量。

刀具从循环起点开始按梯形循环，最后又回到循环起点。如图 9.3.7 和图 9.3.8 所示，图中刀具路径中 a、d 为快速移动，b、c 为进给运动。

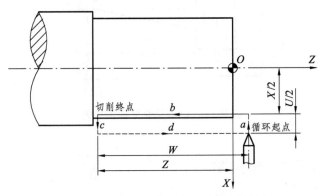

图 9.3.7 G92 螺纹加工走刀路线（柱面）

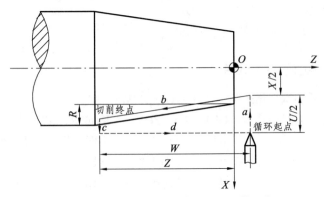

图 9.3.8 G92 螺纹加工走刀路线（锥面）

示例：编制如图 9.3.9 所示的零件的螺纹加工程序。起刀点（循环起始点）坐标为 A（38，6）。查表得 M20×1.5 的外螺纹的大径为 19.958～19.623 mm，取 19.7 mm；小径为 16.891～16.541 mm，取 16.8 mm。分 4 刀切削，分别吃深 1.2 mm、0.8 mm、0.6 mm、0.3 mm。

......

G00 X38 Z6；快速移动到起刀点
G92 X18.5 Z-29　F0.2；　　　循环第一刀吃刀 1.2 mm
X17.7；　　　　　　　　　循环第一刀吃刀 0.8 mm
X17.1；　　　　　　　　　循环第一刀吃刀 0.6 mm
X16.8；　　　　　　　　　循环第一刀吃刀 0.3 mm
G00 X100 Z100；

......

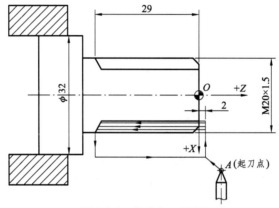

图 9.3.9　螺纹加工示例

5. 多重复合循环（G71）

此功能是为更简化编程而提供的固定循环。FANUC 系统提供了多种多重循环指令，运用这组 G 代码（包括 G70～G76），可以加工形状较复杂的零件，编程时只需给定精加工零件的形状数据，系统便会自动计算出粗加工路线和加工次数，自动完成要求的加工运动，因此编程效率更高。

1）指令功能

如图 9.3.10 所示，在程序中给出 $A \rightarrow A' \rightarrow B$ 的精加工零件形状，留出精加工余量 Δu、Δw，给出切深切 Δd，则系统自动计算每层的切削终点坐标，完成粗加工循环。

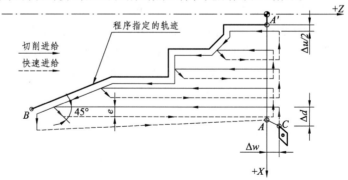

图 9.3.10　多重循环走刀路线

2）刀具路径

第一步：先由循环点起点 A 退到点 C，+X 方向移动 $\Delta u/2$，+Z 方向移动 Δw 的距离。

第二步：由点 C 平行于 AA' 移动 Δd。

第三步：开始第一刀的外圆切削。

第四步：当到达本段终点（系统自动计算）时，以与 Z 轴夹角 45°的方向退回。

第五步：以离开切削表面 e 的距离快速返回（回到过 C 点且垂直于 Z 轴的直线相交点）。

第六步：再以切深 Δd 进行下一刀切削。

第七步：循环第五、第六步，直到精车留量。

第八步：当到达精车留量时，沿精加工留量轮廓加工一刀使精车留量均匀。

第九步：最后快速回到循环点 A，完成一个粗车循环。

3）指令格式

G71　U（Δd）　R（e）

G71　P ns　Q nf　UΔu　WΔw　Ff　Ss　Tt

指令说明：外圆粗加工复合循环指令参数是由两个 G71 程序段指令的，而精加工的零件形状是从 N（ns）到 N（nf）的程序段指令的。

各参数的含义如下：

Δd——每次切削深度（半径值），无正负号；切入方向由 A-A' 的方向决定。

e——退刀量（半径值），无正负号；模态值，也可用参数指定。

ns——精加工路线第一个程序段的顺序号。

nf——精加工路线最后一个程序段的顺序号。

Δu——X 方向的精加工余量，直径值。

Δw——Z 方向的精加工余量。

4）特别注意

① 精加工形状的每条移动指令必须带行号。

② 在 A 至 A' 间，顺序号 ns 的程序段中，可含有 G0 或 G1 指令。

③ 在 A 至 A' 间，不能含有 Z 轴指令。

④ 在 A' 至 B 间，X 轴、Z 轴必须都是单调增大或减小。

⑤ 在顺序号 ns～nf 的程序段中，不能调用子程序。

⑥ 在顺序号 ns～nf 的程序段中指定的 F、S、T 功能都对粗车循环无效，对精车有效。

⑦ 在 G71 程序段或前面程序段中指定的 F、S、T 功能对粗车有效。

⑧ 用恒表面切削速度控制时，要在 G71 程序段或前面程序段中指定 G96 或 G97。

⑨ 内孔粗车是由 X 方向精加工余量 Δu 值的符号来决定的。

6. 仿形复合循环（G73）

当工件毛坯为锻件或铸件时，往往可以使用 G73 和 G70 循环功能。G73 是粗加工循环，和 G71 功能一样，也是一种具有自动加工分配的固定循环，但分配的方式不同。执行 G73 功能时，每一刀的加工路线的轨迹形状是相同的，只是位置不同。每走完一刀，就把加工轨迹向工件方向移动一个位置，这样就可以将锻件待加工表面上分布较均匀的加工余量分层切去。G73 适用于毛坯轮廓形状与零件轮廓形状基本接近时的粗车。这种切削循环可以有效地切削铸造成形、锻造成形或已粗车成形的工件。

1）指令功能

如图 9.3.11 所示，在程序中给出 $A \to A' \to B$ 的精加工零件形状，留出精加工余量 Δu、Δw，给出切深切 Δd，则系统自动计算每层的切削终点坐标，完成粗加工循环。

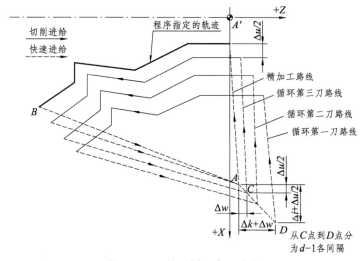

图 9.3.11　仿形循环走刀路线

2）刀具路径

第一步：先由循环点起点 A 退到点 C，$+X$ 方向移动 $\Delta u/2$，$+Z$ 方向移动 Δw 的距离。

第二步：由点 C 再退到起刀点 D，$+X$ 方向移动 Δi，$+Z$ 方向移动 Δw 的距离。

第三步：开始第一刀的仿形切削。

第四步：当到达本段终点（系统自动计算）时，退回 C、D 连线上的某一点（系统自动计算）。

第五步：再进行下一刀切削。

第六步：循环第四、第五步，直到精车留量（精车留量保持均匀）。

第七步：最后快速回到循环点 A，完成粗车循环。

3）指令格式

G73　U(Δi) W(Δk) R(d)

G73　P ns　Q nf　UΔu　WΔw　Ff　Ss　Tt

指令说明：外圆粗加工仿形循环指令参数是由两个 G73 程序段指令的，而精加工的零件形状是从 N（ns）到 N（nf）的程序段指令的。

各参数的含义如下：

Δi——X 轴方向退刀距离（半径指定）。

Δk——Z 轴方向退刀距离（半径指定）。

d——分割次数，这个值与粗加工重复次数相同。

ns——精加工路线第一个程序段的顺序号。

nf——精加工路线最后一个程序段的顺序号。

Δu——X方向精加工预留量的距离及方向（直径）。

Δw——Z方向精加工预留量的距离及方向。

4）特别注意

① 精加工形状的每条移动指令必须带行号。

② 在 A 至 A′间，顺序号 ns 的程序段中可含有 G0 或 G1 指令。

③ 在 A′至 B 间，X 轴、Z 轴不一定是单调增大或减小。

④ 在顺序号 ns～nf 的程序段中，不能调用子程序。

⑤ 在顺序号 ns～nf 的程序段中指定的 F、S、T 功能都对粗车循环无效，对精车有效。

⑥ 在 G73 程序段或前面程序段中指定的 F、S、T 功能对粗车有效。

⑦ 用恒表面切削速度控制时，要在 G73 程序段或前面程序段中指定 G96 或 G97。

⑧ 内孔粗车是由 X 轴方向精加工余量 Δu 值的符号来决定的。

⑨ Δi 为 X 轴方向退刀距离，一般设定为毛坯半径与工件最小半径的差，过大开始容易走空刀，过小则开始切深过大。

Δk 为 Z 轴方向退刀距离，一般设为 0。

d 为分割次数，也即 G73 循环次数，由 $\Delta i/a_p$ 计算得出，a_p 为切削深度。

7. 端面粗车固定循环 G72

G72 适用于圆柱毛坯端面方向粗车，如图 9.3.12 所示为从外径方向往轴心方向车削端面时的进给路径。

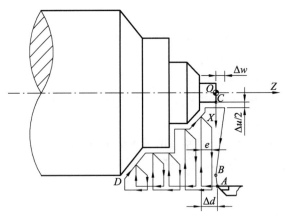

图 9.3.12 端面固定循环走刀路线

编程格式为：

G72　W(Δd)　R(e)

G72　Pns　Qnf　UΔu　WΔw　Ff　Ss　Tt

其中，W 等于 Z 向背吃刀量，R 等于 Z 向退刀量；其中 P 等于精加工程序段开始编号、Q 等于精加工程序段结束编号、U 等于 X 轴方向精加工余量的直径值、W 等于 Z 轴方向精加工余量、s 为主轴转速、F 为进给速度。

三、实训示例

1. 编写如图 9.3.13 所示零件的加工程序（用 G90）

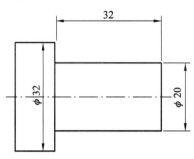

图 9.3.13　简化编程示例 1

该零件毛坯为直径 ϕ35 mm 的铝合金棒料，采用三爪自定心卡盘夹紧。利用循环指令 G90 逐层切削粗加工外圆。编程原点设在工件右端面与旋转轴中心相交点。

（1）建立工件坐标系（编程坐标系），坐标原点选在零件的右端面的中心线上。

（2）计算基点的坐标值（略）。

（3）参考程序如下：

O0808		（程序名）
N10	M03　S500;	（主轴正转，转速 500 r/min）
N20	T0101;	（换 1 号外圆车刀）
N30	G00　X 34. Z 1.;	（快速定位到循环起点，接近工件）
N40	G90　X28. Z-32. F0.2;	（进行第一刀切削）
N50	X24.;	（进行第二刀切削）
N60	X20.;	（进行第三刀切削）
N70	G00　X100. Z 50.;	（返回程序起点）
N80	M05;	（停主轴）
N90	M30;	（程序结束）

2. 编写如图 9.3.14 所示零件的加工程序（用 G94）

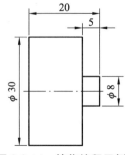

图 9.3.14　简化编程示例 2

该零件毛坯为直径 ϕ32 mm 的铝合金棒料，采用三爪自定心卡盘夹紧。利用端面循环指令 G94

逐层切削端面。编程原点设在工件右端面与旋转轴中心相交点。

（1）建立工件坐标系（编程坐标系），坐标原点选在零件的右端面的中心线上。

（2）计算基点的坐标值（略）。

（3）编写加工程序。

参考程序如下：

O0809	（程序名）
N10 M03 S500;	（主轴正转，转速 500 r/min）
N20 T0101;	（换 1 号外圆车刀）
N30 G00 X 35. Z 1.;	（快速定位到循环起点，接近工件）
N40 G94 X32. Z-2. F0.2;	（进行第一刀切削）
N50 Z-4.;	（进行第二刀切削）
N60 Z-5.;	（进行第三刀切削）
N70 G00 X 100. Z 50.;	（返回程序起点）
N80 M05;	（停主轴）
N90 M30;	（程序结束）

3. 编写如图 9.3.15 所示的加工程序（用 G71）

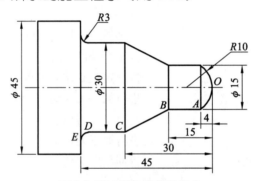

图 9.3.15 简化编程示例 3

该零件毛坯为直径 $\phi50$ mm 的 A3 钢棒料，采用三爪自定心卡盘夹紧。利用循环指令 G71 逐层切削轮廓。编程原点设在工件右端面与旋转轴中心相交点。

（1）建立工件坐标系（编程坐标系），坐标原点选在零件的右端面的中心线上。

（2）计算基点（图中 O、A、B、C、D、E 点）的坐标值。

O（X0，Z0）

A（X10，Z−4）

B（X10，Z−15）

C（X30，Z−30）

D（X30，Z−42）

E（X36，Z−45）

（3）参考程序如下：

O0809 　　　　　　　　　　　　　　　　　　　　（程序名）

N10	G50 X100. Z 50.;	（设定坐标系）
N20	M03 S500;	（主轴正转，转速 500 r/min）
N30	T0101;	（调粗车刀）
N40	M08;	（开切削液）
N50	G00 X 46. Z 0.5.;	（快速定位到循环起点，接近工件）
N60	G71 U 2 R 0.5;	（每刀切深 2 mm，退刀 0.5 mm）
N70	G71 P 80 Q 150 U 0.3 W 0.1 F 0.2;	（X 轴方向单边精加工余量 0.3 mm，Z 轴方向 0.1 mm，粗车进给量 0.2 mm/r）
N80	G00 X 0. F 0.15 S800;	（F 0.15、S800 为利用 G70 进行精加工时的进给量和主轴转速）
N90	G01 Z 0.;	
N100	G03 X15. Z – 4. R 10.;	
N110	G01 Z – 15.;	
N120	X 30. Z – 30.;	
N130	Z – 42.;	
N140	G02 X36. Z – 45. R 3.;	
N150	G01 X46.;	
N160	G00 X100. Z 50.;	（定位到换刀点）
N170	T0202;	（调 2 号刀，执行 2 号刀补）
N180	G00 X46. Z 0.5;	（定位到循环起点 A）
N190	G70 P80 Q150;	（精车）
N200	G00 X100. Z 50.;	（返回程序起点）
N210	M05;	（停主轴）
N220	M09;	（关冷却）
N230	T0101;	（换回粗加工刀）
N240	M30;	（程序结束）

4. 利用复合循环 G73 指令编制如图 9.3.16 所示零件的数控加工程序

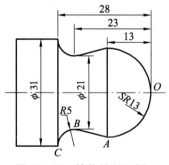

图 9.3.16 简化编程示例 4

该零件毛坯为直径 ϕ32 mm 的 A3 钢棒料，采用三爪自定心卡盘夹紧。利用循环指令 G73 逐层切削轮廓。编程原点设在工件右端面与旋转轴中心相交点。

（1）建立工件坐标系（编程坐标系），坐标原点选在零件的右端面的中心线上。

（2）计算基点（图中 O、A、B、C 点）的坐标值。

O（X0，Z0）

A（X26，Z－13）

B（X21，Z－23）

C（X31，Z－28）

（3）参考程序如下：

O0809		（程序名）
N10	M03 S500;	（主轴正转，转速 500 r/min）
N20	T0101;	（调粗车刀）
N30	M08;	（开切削液）
N40	G00 X32. Z0.5.;	（快速定位到循环起点，接近工件）
N50	G73 U5 W0. R5;	（X 轴方向退刀 5 mm，Z 轴方向不退刀，分5 刀切削）
N60	G73 P70 Q120 U0.3 W0 F0.2;	（X 轴方向单边精加工余量 0.3 mm，Z 轴方向 0，粗车进给量 0.2 mm/r）
N70	G00 X 0. F 0.15 S800;	（F 0.15、S800 为利用 G70 进行精加工时的给量和主轴转速）
N80	G01 Z 0.;	
N90	G03 X26. Z－13. R13.;	
N100	G01 X21. Z－23.;	
N110	G02 X31. Z－28. R5.;	
N120	G01 X32.;	
N130	G00 X 100. Z 50.;	（定位到换刀点）
N140	T0202;	（调 2 号刀，执行 2 号刀补）
N150	G00 X32. Z 0.5;	（定位到循环起点 A）
N160	G70 P70 Q120;	（精车）
N170	G00 X100. Z 50.;	（返回程序起点）
N180	M05;	（停主轴）
N190	M09;	（关冷却）
N200	T0101;	（换回粗加工刀）
N210	M30;	（程序结束）

四、实训总结

利用 G71、G73 编程时，必须确定换刀点、循环点 A、切削始点 $A'{\rightarrow}B$ 的基点的坐标值。如图 9.3.10 和图 9.3.11 所示，为节省辅助工作时间，从换刀点至循环点 A 使用 G00 快速定位，循环点 A 的坐标位于毛坯尺寸之外，Z 坐标值与切削始点 A' 的 Z 坐标值相同。

$A'{\rightarrow}B$ 是工件的轮廓线，$A{\rightarrow}A'{\rightarrow}B$ 为精加工路线，粗加工时刀具从 A 点后退 $\Delta u/2$、Δw，即

自动留出精加工余量。顺序号 ns ~ nf 的程序段描述刀具切削加工的路线。

Δi 值的确定：选择过大，开始时容易走空刀，选择过小，则开始时切深过大，都不利于加工，一般选择为毛坯半径与工件最小半径的差。

Δk 的确定：选择大，从 G73 的走刀路径来看，会产生不必要的空走刀，一般设为 0，但具体情况要根据实际加工而定。原则是尽量使走刀路线最短。

分割次数（d）的确定：G73 循环次数由 $\Delta i/a_p$ 计算得出，a_p 为切削深度。

第四节　数控车床（FANUC Oi Mate 系统）操作

一、实训目的

（1）熟悉数控车床的操作面板；
（2）掌握数控车床的基本操作方法和步骤；
（3）进一步了解数控车床的结构组成和加工控制原理；
（4）熟练掌握程序的输入、调试过程；
（5）勤于动脑、大胆实践、勇于探索，提高创新能力。

二、实训准备知识

1. 数控车床（C₂-6136HK）简介

C₂-6136HK 型数控车床的外形如图 9.4.1 所示。该车床配置 FANUC Series Oi Mate 数控系统、交流伺服驱动系统、主轴无级调速、自动润滑系统、四工位自动刀架、半封闭防护，具有加工精度高、效率高、操作者劳动强度低、维护方便、运行平稳、安全可靠等特点。

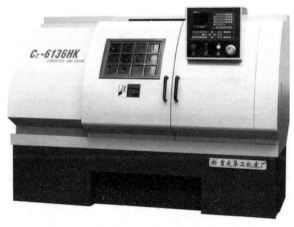

图 9.4.1　C₂-6136HK 型数控车床的外形

C_2-6136HK 型数控车床为两坐标 CNC 数控车床，采用伺服电机数字控制系统，可以完成切削直线、斜线、圆弧、螺纹（公/英制）等复杂工序，适用于加工形状复杂、精度较高，单件、中小批量生产的盘套类及轴类零件，其技术参数见表 9.4.1。

表 9.4.1　C_2-6136HK 型数控车床的技术参数

序号	项　目		单位	参　数	序号	项　目	单位	参　数
1	床身上最大回转直径		mm	$\phi360$	10	表面粗糙度 Ra 值	μm	2.5～1.6
2	最大工件长度		mm	750	11	进给轴最小设定单位	mm	0.001
3	中拖板最大工件直径		mm	$\phi190$（排刀 $\phi130$）	12	进给轴重复定位精度	mm	X：0.012　Z：0.016
4	主轴通孔直径		mm	$\phi55$	13	进给轴驱动电机最大静扭矩	N·m	X：4　Z：6
5	主轴内孔锥度			莫氏 6 号	14	电动刀架刀具容量	支	4（可选排刀、六工位）
6	主轴头部形式			A2-6	15	尾座套筒内孔锥度		莫氏 4 号
7	工作精度	圆度 圆柱度 平面度	mm	0.005 160：0.016 160：0.01（凹）	16	主电机功率	kW	5.5
8	主轴转速范围		r/min	高速变频无级 180～3 000	17	外形尺寸（长×宽×高）	mm	2 300×1 300×1 650
9	进给轴快速移动速度		mm/min	步进 X：4；Z：7 伺服 X：6；Z：8	18	机床净重/机床总重	kg	1 800/2 100

2. 数控车床（C_2-6136HK）面板说明

C_2-6136HK 型数控系统面板分布如图 9.4.2 所示，MDI 键盘说明见表 9.4.2，控制面板分布如图 9.4.3 所示，控制按钮说明见表 9.4.3。

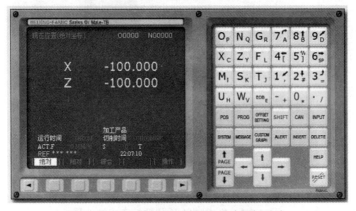

图 9.4.2　C_2-6136HK 型数控系统面板分布

表 9.4.2　MDI 键盘说明

按　键		作　用
功能键	POS	选择当前位置的坐标界面，配合屏幕下方的对应键可以选择各种坐标显示
	PROG	可以显示某个程序，只有配合上【EDIT】操作选择功能键方可进行程序编辑
	OFFSET SETTING	刀具补偿和建立工件坐标系的数值输入
	SYSTEM	显示系统参数、故障诊断、伺服参数与主轴参数等
	MESSAGE	在屏幕上显示报警、帮助等信息
复位键	RESET	按下此键可以使 CNC 复位或者取消报警
帮助键	HELP	当对 MDI 键的操作不明白时，按下此键可获得帮助
输入键	INPUT	当按下一个字母或字符时，按下此键，数据被输入到缓存区，并显示在屏幕上
换挡键	SHIFT	系统键盘上，有些键具有两个功能，按下此键，可以在两个功能之间切换
取消键	CAN	按下此键删除最后一个输入到缓存区的字符或符号
编辑键	ALTER	替换当前（光标覆盖）字符
	INSERT	在当前位置插入字符
	DELETE	删除整段
地址和数字键	O、N、G、…	输入相应字母、数字及其他字符
软键	CRT 屏幕底部	根据其使用场合，软键有各种功能
光标移动键		将光标向上、下、左、右或前进、倒退方向移动
翻页键	PAGE	用于在屏幕上朝前或朝后翻一页

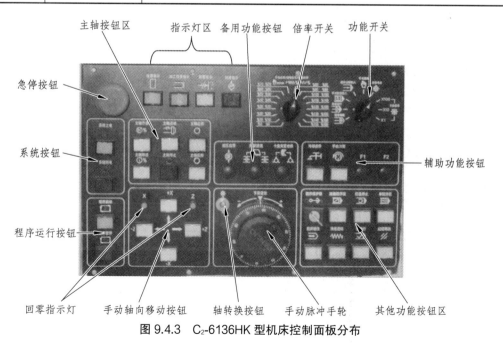

图 9.4.3　C₂-6136HK 型机床控制面板分布

表 9.4.3 C₂-6136HK 型机床控制按钮说明

按　钮	功　　　能
急停按钮	当出现意外时，按下此按钮，机床立即停止工作。该按钮被按下时，它是自锁的，顺时针旋转后即可释放
系统按钮	机床电源打开后，给系统通电（包括上电和断电）
程序运行	程序的执行和停止，当加工程序准备好后（功能开关处在手动数据输入或自动运行位置）对该程序的执行或停止
回零指示灯	开机回参考点时，X 轴和 Z 轴到位提示。该指示灯亮否，意味着回到位否
轴向键	执行 X 轴的正、负向和 Z 轴的正、负向移动，此按钮一般配合回参考点、手动运行、手动脉冲功能使用
转换按钮	在手动脉冲功能下，用手动脉冲手轮执行刀具轴向移动时 X 轴和 Z 轴的切换
手动脉冲手轮	在手动脉冲功能下，执行刀具在 X 轴或 Z 轴的移动
主轴按钮	主轴按钮包含主轴的正转、反转、停止、点动、升速、降速六个按钮。在执行该功能时，功能开关应处在手动运行位置，且之前应在 MDI 功能下利用程序完成主轴的转动
倍率开关	该开关控制刀具在移动时速率的增加或降低
功能开关	手动脉冲：有 3 档速度，与手动脉冲手轮配合使用 回参考点：开机后要做的第一件事，使机床坐标和工件坐标统一 手动运行：与轴向移动按钮配合使用 远程输入（DNC）：跟计算机联网时数据的传输 手动数据输入（MDI）：编制简单的程序（最多 10 行） 自动运行：选择工件要用的程序后，按程序启动按钮执行加工操作 程序编辑：对加工程序的输入、编辑、调用等操作
单段运行	单段执行程序，"程序启动"按键每按一次，执行一条语句
空运行	程序很快运行，原设定的走刀速度无效，都是以 G00 速度执行，以达到快速调试程序用
机床锁定	锁住机床的各轴，使之不动，执行程序时，只是位置的显示不断变化，主要用于程序调试的程序预演
程序保护	取下钥匙时，系统里的程序将不能做任何改动
手动刀架	在手动运行功能状态下，按下此键，将执行换刀动作

3. 数控车床（C₂-6136HK）基本操作

（1）操作流程：开机→回参考点→程序的输入及检查→对刀→关机。

（2）基本操作：C₂-6136HK 型数控车床的基本操作项目及方法见表 9.4.4。

表 9.4.4 基本操作项目及操作方法说明

操作项目	操　作　方　法
开　机	打开空气开关（电源）→打开机床左侧面的电源开关→系统上电
关　机	系统断电→关闭电源开关→关闭空气开关
回　零	功能键旋到回参考点→+X→+Z

操作项目	操作方法
超程解除	解除急停→手动运行或手脉运行→同时按下超程解除和+X 或－X 或+Z 或－Z
急停、复位	危险或紧急时→急停→解除危险后顺时针旋转打开急停→复位→回参考点
手脉进给	手脉运行→100% 或 10% 或 1%→手脉手轮→轴转换手轮（X 或 Y）
点动操作	手动运行→倍率开关（选择倍率）→选择坐标+X 或－X 或+Z 或－Z
手动换刀	手动运行→观察当前刀的位置后按下手动换刀
对刀操作	1. 用外圆车刀先试切一外圆，仅在 Z 轴上退刀，停止主轴，测量外圆直径后，按系统面板上 OFFSET→补正→形状→将光标移动到所要对的刀的 X 轴上，输入刚刚测得的外圆直径值 XD→测量，即输入到刀具几何形状里。 2. 用外圆车刀再试切圆端面，仅在 X 轴上退刀，停止主轴，按 OFFSET→补正→形状→将光标移动到所要对的刀的 Z 轴上，输入值 Z0→测量，即输入到刀具几何形状里
程序编辑	功能键旋到程序编辑→系统面板上的 PROG→打开程序保护→进入系统程序编辑操作（选择程序、新录程序、修改程序等）
程序单段运行	功能键旋到自动运行→单段运行→程序启动
程序自动运行	功能键旋到自动运行→程序启动→加工结束
刀补数据设置	功能键旋到手动运行→系统面板上的 OFFSET→补正→刀补→输入刀补值

三、实训示例

1. 手动操作

1）回零方式步骤

（1）工作方式（功能旋钮）→旋到→回参考点；

（2）按住+X 方向键 ↓ 或+Z 方向键 → 一直到达参考点后松开。

注意：

① 操作时，要先对+X 回零，以避免刀架与尾座碰撞；

② 临近参考点时，系统会自动减速到达参考点；

③ 需"回零指示灯"亮或者屏幕的坐标显示 X0.000 Z0.000 后方回到位。

2）手动方式步骤

（1）工作方式（功能旋钮）→旋到 →手动；

（2）在屏幕左下角显示"JOG"状态下选择移动轴 ↑ ↓ ← →。

注意：

① 移动时，不很熟悉机床的情况下，应选择较小的倍率，以免移动过快发生碰撞；

② 移动时，不仅要看屏幕上的坐标显示，更要注意观察刀架的移动状况，避免发生危险。

3）手轮方式步骤

（1）工作方式（功能旋钮）→旋到→手动脉冲；

（2）选择 X 轴或 Z 轴（由←轴切换键←选择）；

（3）选择适合的倍率（×1，×10，×100）；

（4）旋转手轮。

注意：

① 旋转手轮时，尽量保持匀速，旋转过猛会影响其寿命；

② 旋转手轮时，要注意观察刀的移动状况，避免发生碰转等危险；

③ 此方式在对刀或手动切削时常用。

4）手动换刀步骤

（1）工作方式（功能旋钮）→旋到→手动；

（2）按换刀按钮。

注意：

① 手动换刀时，每按一下，刀架旋转一个刀位；

② 连续换刀时，要等动作到位后（刀架指示灯熄灭）再按换刀选择下一个刀位。

5）冷却液开关步骤

（1）工作方式（功能旋钮）→旋到→手动；

（2）按冷却液按钮。

6）主轴正转/反转步骤

（1）工作方式（功能旋钮）→旋到→手动；

（2）按主轴正转/反转按钮。

7）主轴停止步骤

（1）工作方式（功能旋钮）→旋到→手动；

（2）按主轴停止按钮。

2. 程序处理

1）新程序的输入

（1）进入编辑方式（将工作方式按钮旋到"编辑"位置）；

（2）把程序保护开关（钥匙）置于"ON"上；

（3）按数控系统面板上的 PROG 键进入数控系统"程序（屏幕左下）"状态；

（4）按软键"操作"进入程序输入状态（后台）；

（5）输入新程序名，如"O1011"，然后按"INSERT"；

（6）按"EOB"键后再按"INSERT"键就会自动出现序号 N010；

（7）输入程序，每输完一条后先按"EOB"键，然后按"INSERT"；

（8）整个程序输完后按软键 BG-END 结束程序的输入。

2）程序的调入

（1）进入编辑或自动状态（旋转工作方式按钮）；

（2）按"PROG"键，显示程序画面；

（3）按地址O；

（4）输入要检索的程序号；

（5）按"O检索"软键；

（6）检索结束时，屏幕上显示检索出的程序。

3）程序的编辑

（1）进入编辑状态（旋转工作方式按钮）；

（2）按"PROG"键，显示程序画面；

（3）选择要编辑的程序；

（4）按光标移动键将光标移动到需要编辑（插入、替换、删除）的地方；

（5）进行编辑操作。

4）删除方法

（1）删除字：将光标移动到所要删除的字上→按"DELET"键；

（2）删除程序段（一条程序）：将光标移动到所要删除的地址N→按"EOB"→"DELET"键；

（3）删除多个程序段：将光标移动到所要删除的地址N→键入需删除到的顺序号→"DELET"键；

（4）删除整个程序：键入需要删除的程序的程序名→"DELET"键。

3. 对　刀

1）对刀的概念

加工一个零件往往需要几把不同的刀具，而每把刀具在安装时是根据加工的要求安放的，它们在转至切削方位时，其刀尖所处的位置并不相同。而系统要求在加工一个零件时，无论使用哪把刀具，其刀尖位置在切削前应处于同一点，以便简化零件加工程序的编制。为使零件加工程序不因刀具安装位置而给切削带来影响，必须在加工程序执行前，调整每把刀的刀尖位置，使刀架在转位后，每把刀的刀尖位置都重合在同一点，这一过程称为对刀。

2）对刀的基本原则

起始点距工件右端面距离适中，刀架转位时，刀位上的所有刀具都不和工件（尾座、顶尖）发生干涉。起始点距工件太近，影响上、下装夹工件，操作时不方便。太远会增加空运行时间，影响单件生产工时，增加成本。

3）与对刀有关的概念

刀位点：代表刀具的基准点，也是对刀时的注视点，一般是刀具上的一点。

起刀点：起刀点是刀具相对工件运动的起点，即零件加工程序开始时刀位点的起始位置，而且往往还是程序运行的终点。

对刀点与对刀：对刀点是用来确定刀具与工件的相对位置关系的点，是确定工件坐标系与机床坐标系的关系的点。对刀就是将刀具的刀位点置于对刀点上，以便建立工件坐标系。

对刀基准（点）：对刀时为确定对刀点的位置所依据的基准，可以是点、线、面，它可以设在工件上、夹具上或机床上。

对刀参考点：代表刀架、刀台或刀盘在机床坐标系内的位置的参考点，也称刀架中心或刀具参考点。

换刀点：数控程序中指定用于换刀的位置点。换刀点的位置应避免与工件、夹具和机床干涉。

4）对刀方法

（1）试切法。

此方法没有基准刀与非基准刀之分，每把刀的刀具偏置值都是以同一参考点为基准，所以当刀具的偏置量直接输入到偏置菜单时，对刀也随之完成。这种方法操作简单，可靠性好，通过刀偏与机械坐标系紧密地联系在一起，只要不断电、不改变刀偏值，工件坐标系就会存在且不会变，即使断电，重启后回参考点，工件坐标系还在原来的位置。

① X轴偏置量的设定：

第一步，将所需要对的刀换至切削位置；

第二步，在手动方式下切削表面 A，如图 9.4.4 所示；

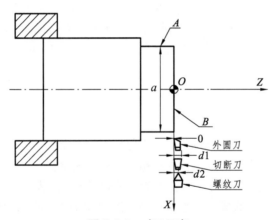

图 9.4.4　对刀示意

第三步，仅仅在 Z 轴方向上退刀，不要移动 X 轴，停止主轴；

第四步，测量表面 A 的直径 a；

第五步，按系统面板上 OFFSET→补正→形状→将光标移动到所要对的刀的刀号 X 轴上，按地址键 X 进行设定，键入测量值（a）→测量，则测量值 a 与编程的坐标值之间的差值作为偏置量被输入到指定的刀偏号。

② Z轴偏置量的设定：

第一步，在手动方式下切削表面 B；

第二步，仅仅在 X 轴方向上退刀，不要移动 Z 轴，停止主轴；

第三步，按系统面板上 OFFSET→补正→形状→将光标移动到所要对的刀的刀号 Z 轴上，按地址键 Z 进行设定，键入测量值（刀尖相对于 B 面的值：外圆刀为 0，切断刀为刀刃宽度 $d1$，螺纹刀为 d2）→测量，则测量值与编程的坐标值之间的差值作为偏置量被设入指定的刀偏号。

（2）G50 设置工件坐标系及对刀方法。

用 G50 设定坐标系，对刀后将刀移动到 G50 设定的位置才能加工。对刀时，先对基准刀，其他刀的刀偏都是相对于基准刀的。

① 根据程序起始点设定的原则，随机选取一点（在手动状态下），并将此处相对坐标置零；

② 使基准刀尖（设为 1 号刀）和工件由端面对齐（或车削右端面），记录屏幕上显示的 Z 轴数值"$w1$"；

③ 使基准刀尖和工件外径对齐（或车削工件外径），记录屏幕上显示的 X 轴数值"$u1$"；

④ 使基准刀回到①清零的起始点（U0，W0）；

⑤ 用千分尺测量工件外径尺寸"d"；

⑥ $X=|u1+d|$；$Z=|w1|$；（绝对坐标值）；

⑦ X、Z 值即为 G50 中的实测坐标值（起始点），并将其输入主程序中。

4. 自动操作

1）MDI 运行

在 MDI 方式下，在程序显示画面中可编制最多 10 行程序段（与普通程序的格式一样），然后执行（按循环启动键）。MDI 运行一般用于简单的测试操作。

运行步骤：工作方式（功能旋钮）旋到"MDI"状态→按面板上的"PROG"键显示程序画面（自动输入程序号）→编制要执行的程序（若要在执行结束后返回程序开头，可在程序末指定 M99）→将光标移动到程序头→按操作面板上的"循环启动"键执行。若要终止运行，按面板上的"RESET"键。

2）试运行

试运行功能用于在实际加工之前检查程序的编制及机床的运行是否正确，主要用于程序校验。

（1）机床锁住：当机床锁住有效（停止全部轴的移动）时，其指示灯亮，在执行加工程序或坐标轴时，机床不动，只显示刀具位置的变化，用于检查程序。

（2）单段运行：在单段程序方式下，启动"循环启动"按键一次，执行程序段中的一个程序段，然后机床停止。通过一段（条）一段（条）地执行程序来检查程序的正确性。

（3）空运行：机床按设定好的参数移动，而不以程序中指定的进给速度移动。该功能用于工件从工作台上卸下时检查机床的运动，配合图形显示功能，还可快速观看程序的执行情况（走刀轨迹）以检验程序。

3）存储器运行

把检验好的程序预先存在存储器中，当选定了一个程序并按下机床操作面板上的"循环启动"按钮时，机床开始自动运行，且"循环启动"指示灯亮。在自动运行期间，按"程序暂停"按钮进给暂停，按"循环启动"按钮恢复。

第五节 零件的加工实例

一、实训目的

（1）熟悉不同的切削方法在同一零件上的综合应用；

（2）进一步加深理解数控编程指令的用法；

（3）能对一定复杂程度的零件进行快速编程；

（4）会调试自己编制的加工程序并加工出零件；

（5）能对加工出的零件进行质量分析。

二、实训示例

加工如图 9.5.1 所示的零件。技术要求如下：

（1）毛坯：直径 ϕ32 mm 的硬铝、棒料；

（2）工件外圆分粗、精车，精车余量在 X 轴方向为 0.4 mm（直径值），粗车时背吃刀量 1.5 mm（半径值），退刀量 3 mm；

（3）粗牙普通螺纹的小径尺寸为（M12：10.1 mm；M20：18 mm），用螺纹车刀中速进给车削五次；

（4）刀具：① 90° 外圆车刀；② 尖刀（菱形刀片）；③ 切槽刀（宽 3.3 mm）；④ 60° 螺纹车刀；粗车精车用同一把刀。

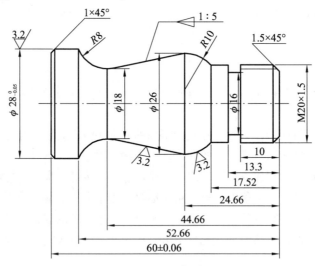

图 9.5.1 实训示例

1. 工艺分析

1）刀具选择

根据零件的技术要求，选择刀具及参数如表 9.5.1 所示。

表 9.5.1 数控加工刀具卡

产品名称	×××	零件名称		×××	零件图号	×××
序号	刀具号	刀具规格、名称	数量	加工表面	刀尖半径	备注
1	T0101	90°外圆车刀	1	车削端面		
2	T0202	尖刀（菱形刀片）	1	粗、精车轮廓表面		
3	T0303	3.3 mm 切槽车刀	1	车削螺纹退刀槽 工件的切断		
4	T0404	60°三角螺纹车刀	1	车螺纹		
编制	×××	审核	×××	批准	×××	共 页 第 页

2）夹具选择

此零件加工选用车床上常用的三爪自定心卡盘，无须掉头。确定加工顺序及进给路线为：平端面→粗、精加工外轮廓→倒角→切退刀槽→切螺纹→切断。按单件小批量生产进行编程，进给路线设计不必考虑最短进给路线或最短空行程路线，外轮廓表面车削进给路线可用复合循环指令 G73 进行简化编程。

3）切削用量的选择

根据相关技术要求，选择的切削用量如表 9.5.2 所示。

表 9.5.2 数控加工工艺卡

实训中心	数控加工工序卡	产品名称和代号			零件名称	零件图号
						×××
工艺序号	程序编号	夹具名称		夹具编号	使用设备	车间
×××	×××	三爪自定心卡盘		×××	数控车床	×××
工步号	工步的内容	刀具号	刀具规格	主轴转速 （r·min^{-1}）	进给速度 （mm·r^{-1}）	背吃刀量 （mm）	备注
1	车端面	T0101	90°外圆车刀	600	0.2		
2	粗车外轮廓表面	T0202	尖刀（菱形刀片）	600	0.3	4	
3	精车外轮廓表面	T0202	尖刀（菱形刀片）	1 000	0.08	0.4	
4	倒 角	T0101	90°外圆车刀	600	0.2		
5	切退刀槽	T0303	切槽刀	400	0.1		
6	三角螺纹	T0404	60°三角螺纹车刀	500	1.5	5 次进给	
7	切断工件	T0303	切槽刀	400	0.1		
编制	×××	审核	×××	批准	×××	年 月 日	共 页 第 页

2. 程序编制

（1）建立工件坐标系（编程坐标系），坐标原点选在零件右端面的中心线上；

（2）计算基点的坐标值（略）；

（3）编写加工程序。

参考程序如下：

O0001；

N10   M03 S600；

N20   T0101；

N30   G00   X35   Z0；

N40   G01   X0   F0.2；   （平端面）

N50   G00   X100   Z100；

N60   T0202；

N70   G00   X35   Z1；

N80   G73   U3   W0   R5；[32(毛坯直径) − 18(工件最小直径)] ÷ 3(背吃刀量) = 4.7，取 5

N90   G73   P100   Q150   U0.4   W0   F0.3；

N100   G00   X20   S1000；

N110   G01   Z-17.52   F0.08；

N120   G03   X26Z-24.66 R10；

N130   G01   X18   Z-44.66；

N140   G02   X28Z-52.66   R8   F0.5；

N150   G01   Z-70；（取倒角轮廓延长 1 mm 的点）

N160   G70   P100   Q150；轮廓精加工

N170   G00   X100；

N180   Z100；

N180   T0101 S600；

N180   G00   X16.22   Z0.44；（取倒角轮廓延长 1 mm 的点）

N190   G01   X20.88Z-1.94   F0.1；

N200   G00   X28.88；

N200   Z-58.56；

N190   G01   X25.12   Z-60.88   F0.1；

N170   G00   X100；

N180   Z100；

N210   T0303   400；

N220   G00   X21   Z-10；

N230   G01   X16   F0.1；切退刀槽

N240   G00   X100；

N250   Z100；

N260   T0404   S500；

N270   G00   X24   Z6；

N280   G92   X19.5   Z-11.5   F1.5；

N290   X19；

N300   X18.5；

N310　X18.2；

N320　X18；

N330　G00　X100　Z100

N340　T0303；

N350　G00　X35　Z-60；

N360　G01　X0F0.1；切断工件

N370　G00　X100；

N380　Z100；

N390　T0101；

N400　G00　X35　Z0；

N410　M05；

N420　M30；

3. 程序的输入及校验（参见实训 4）

4. 零件的加工（参见实训 4）

5. 零件的质量分析

检测加工出来的零件精度是否达到要求，若达不到要求，则更改加工参数重新加工，直到加工出合格零件。

第六节　数控铣床的基本实训

一、实训目的

（1）熟悉数控铣床的操作面板和控制软件；

（2）掌握数控铣床的基本操作方法和步骤；

（3）了解数控铣床的结构组成和加工原理；

（4）熟练掌握程序的输入、调试过程。

二、实训准备知识

1. XK5032C 型数控铣床的组成

XK5032C 型数控铣床的外形如图 9.6.1 所示，它采用 SIEMENS 802D（西门子）数控系统，能够控制的主要有 X、Y、Z 三坐标轴的联动，主轴采用变频器实现无级调速。该机床可用于轮廓铣削、挖槽、钻镗孔、刚性攻丝及其各类复杂曲面轮廓的粗、精加工等。

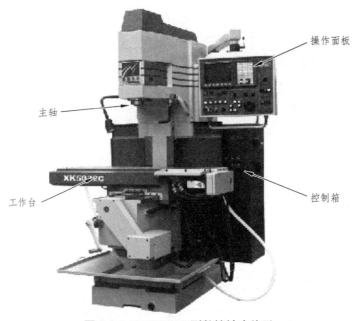

图 9.6.1　XK5032C 型数控铣床外形

XK5032C 型数控铣床的控制面板及按钮功能说明见图 9.6.2～图 9.6.4 及表 9.6.1～表 9.6.3，屏幕显示说明见图 9.6.5 及表 9.6.3。

图 9.6.2　SIEMENS 802D 数控系统控制面板

图 9.6.3　数控系统面板

图 9.6.4　机床控制面板

表 9.6.1 数控系统操作面板按钮

按键	功能	按键	功能
ALARM CANCEL	报警应答键	CHANNEL	通道转换键
HELP	信息键	NEXT WINDOW	未使用
PAGE UP / PAGE DOWN	翻页键	END	
光标键	光标键	SELECT	选择/转换键
M POSITION	加工操作区域键	PROGRAM	程序操作区域键
OFFSET PARAM	参数操作区域键	PROGRAM MANAGER	程序管理操作区域键
SYSTEM ALARM	报警/系统操作区域键	CUSTOM	
0	字母键 上挡键转换对应字符	&7	数字键 上挡键转换对应字符
SHIFT	上挡键	CTRL	控制键
ALT	替换键	⎵	空格键
BKSPACE	退格删除键	DEL	删除键
INSERT	插入键	TAB	制表键
INPUT	回车/输入键		

表 9.6.2 机床操作面板按钮

按键	功能	按键	功能
增量选择键	增量选择键	点动	点动
参考点	参考点	自动方式	自动方式
单段	单段	手动数据输入	手动数据输入
主轴正转	主轴正转	主轴翻转	主轴翻转
主轴停	主轴停	T1	机床使能（用户定义）

按　键	功　能	按　键	功　能
+Z −Z	Z轴点动	+X −X	X轴点动
+Y −Y	Y轴点动	〜	快进键
∥	复位键	⊘	数控停止
◇	循环启动		主轴速度修调
●	急停键		进给速度修调

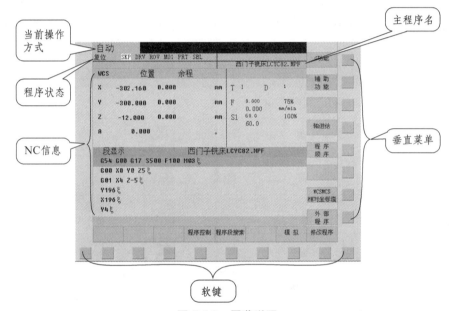

图9.6.5　屏幕说明

表9.6.3　屏幕显示说明

图中元素	缩略符	含　义
当前操作方式	MA、PA、PR、DI、DG	加工、参数、程序、程序管理、系统等
程序状态	STOP、RUN、RESET	程序停止、程序运行、程序复位
自动方式下程序控制	SKP	程序段跳跃
	DRY	空运行
	ROV	快进修调。修调开关对于快速进给也生效
	M01	程序停止。运行到有M01指令的程序段时停止运行
	PRT	程序测试（无指令给驱动）
	SBL	单段运行。只有处于程序复位状态时才可以选择

图中元素	缩略符	含　义
主程序名		正在编辑或运行的程序
报警信息		只有在 NC 或 PLC 报警时才显示报警信息，在此显示的是当前报警的报警号以及其删除条件
NC 信息		工作窗口和 NC 显示
软键		其功能显示在屏幕的最下边一行
垂直菜单		出现此符号时表明存在其他菜单功能，按下此键后这些菜单显示在屏幕上，并可用光标进行选择

2. 基本操作

1）开　机

① 合上电源空气开关→打开机床电源按钮（机床右侧面）；

② 运行系统；

③ 数控系统上电，启动数控系统。

2）回参考点

① 进入系统后，若屏上方显示文字"0030：急停"，则点击急停键，使急停键抬起，这时该行文字消失。

② 按下机床控制面板上的点动键 ，再按下参考点键 ，这时显示屏上 X、Y、Z 坐标轴后出现空心圆，如图 9.6.6 所示。

③ 分别按下+X、+Y、+Z 键，机床上的坐标轴移动回参考点，同时显示屏上坐标轴后的空心圆变为实心圆，参考点的坐标值变为 0，如图 9.6.7 所示。

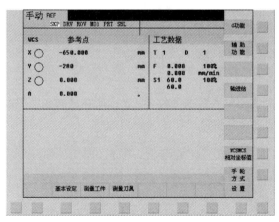

图 9.6.6　回零前界面

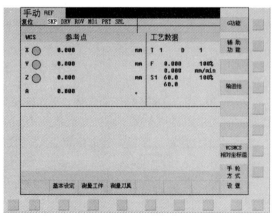

图 9.6.7　回零后界面

3）装夹工件

根据零件形状及工艺要求选择夹具（通常采用平口钳），装正夹紧工件。

4）手动（JOG）运行

① 按下机床控制面板上的点动键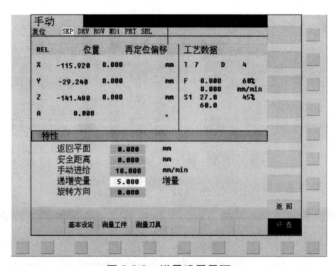。

② 选择进给速度。

③ 按下坐标轴方向键，机床在相应的轴上发生运动。只要按住坐标轴键不放，机床就会以设定的速度连续移动（使用进给速度修调旋钮调整进给速度）。

④ 若需要进行快速运动，则先按下快进按键，然后再按坐标轴按键。

⑤ 若要进行增量进给，则按下面步骤进行：

a. 按下机床控制面板上的"增量选择"按键，系统处于增量进给运行方式。

b. 设定增量倍率：按一下"+X"或"－X"按键，X 轴将向正向或负向移动一个增量值。依同样方法，按下"+Y"、"－Y"、"+Z"、"－Z"按键，使 Y、Z 轴向正向或负向移动一个增量值。

c. 再按一次点动键可以去除步进增量方式。

⑥ 设定增量值：

a. 点击"设置"下方的软键设置。

b. 显示如图 9.6.8 所示窗口，可以在这里设定 JOG 进给率、增量值等。

图 9.6.8 增量设置界面

c. 使用光标键移动光标，将光标定位到需要输入数据的位置，光标所在区域为白色高光显示。如果刀具清单多于一页，可以使用翻页键进行翻页。

d. 点击数控系统面板上的数字键，输入数值。

e. 点击输入键确认。

5）MDA 运行

① 按下机床控制面板上的 MDA 键，系统进入 MDA 运行方式，界面如图 9.6.9 所示。

② 使用数控系统面板上的字母、数字键输入程序段。例如，点击字母键、数字键，依次输入 G00X0Y0Z0，屏幕上显示输入的数据。

③ 按数控启动键，系统执行输入的指令。

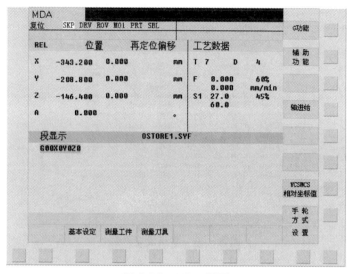

图 9.6.9 MDA 界面

6）对刀操作

（1）操作步骤。

① 移动刀具向工件前端靠近，快要碰到时切换到"增量"方式，使刀具与工件刚好接触，记下此时刀具在机床坐标系中的 Y 坐标值 $y1$；

② 提刀到刀具高出工件上表面，移动 Y 轴，再下刀让刀具去碰触工件后端面，然后记下此时刀具在机床坐标系中的 Y 坐标值 $y2$；

③ 计算出 $y0 = (y1 + y2)/2$ 的值，然后提刀后移动 Y 轴到 $y0$ 坐标值处；

④ Y 轴清零；

⑤ 采用同样的方法分别寻找工件的左右端面，然后算出 X 方向的中心在机床坐标系中的坐标值 $x0$，移动刀具到 $x0$ 并清零；

⑥ 移动 Z 轴去碰触工件上表面，记下此时刀具在机床坐标系中的 Z 坐标值 $z0$ 并清零。

（2）数据设置。

① 刀具设置：

a. 按下系统控制面板上的参数操作区域键 OFFSET/PARAM，显示屏显示参数设定窗口；

b. 点击软键"刀具表"；

c. 使用光标键移动光标，将光标定位到需要输入数据的位置，光标所在区域为白色高光显示；

d. 点击数控系统面板上的数字键，输入数值；

e. 点击输入键 🔁 确认。

② 零点设置：

a. 点击"零点偏置"下方的软键【零点偏置】；

b. 屏幕上显示可设定零点偏置的情况，如图 9.6.10 所示；

c. 使用光标键移动光标，将光标定位到需要输入数据的位置，光标所在区域为白色高光显示；

d. 点击数控系统面板上的数字键，输入数值；

e. 点击输入键 🔁 确认。

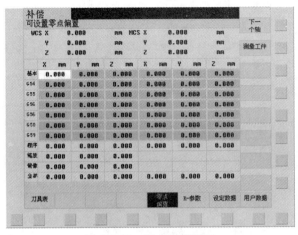

图 9.6.10 零点设置界面

7）程序编辑

（1）进入程序管理方式。

① 点击程序管理操作区域键"PROGRAM/MANAGER"；

② 点击程序下方的软键"程序"；

③ 显示屏显示零件程序列表（见图 9.6.11），软键说明见表 9.6.4。

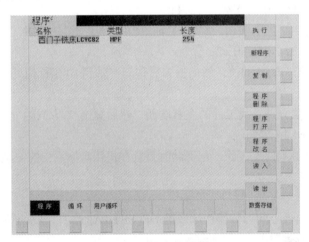

图 9.6.11 程序编辑界面

表 9.6.4 软键说明

软键	功　能	软键	功　能
执行	如果零件清单中有多个零件程序，按下该键可以选定待执行的零件程序，再按下数控启动键就可以执行程序	新程序	输入新程序
复制	选择的程序拷贝到另一个程序中	程序删除	删除程序
程序打开	打开程序	程序改名	更改程序名
读入	通过外部接口读入数据（程序等）	读出	通过外部接口读出数据（程序等）

（2）输入新程序。

方法一：直接手动输入。

a. 按下"新程序"；

b. 使用字母键，输入程序名；

c. 按"确认"软键，如果按"中断"软键，则刚才输入的程序名无效；

d. 这时零件程序清单中显示新建立的程序。

方法二：通过 RS232 接口进行程序传输。

a. 按下"读入"；

b. 在计算机上运行数据传输软件（Winpcin 或 CIMCO Edit 等）；

c. 载入已准备好的程序；

d. 配置好参数（波特率等）；

e. 发送。

（3）编辑当前程序。

a. 当零件程序不处于执行状态时，就可以进行编辑；

b. 点击程序操作区域键【PROGRAM】；

c. 点击编辑下方的软键【编辑】；

d. 打开当前程序；

e. 使用面板上的光标键和功能键来进行编辑；

f. 如进行删除：使用光标键，将光标落在需要删除的字符前，按删除键【DEL】删除错误的内容；或者将光标落在需要删除的字符后，按退格删除键【BACKSPACE】进行删除。

（4）选择和启动零件程序。

a. 按下自动方式键目。

b. 选择系统内加工程序或者执行"外部程序"（见图 9.6.12），在 Windows 系统中打开文件窗口，在计算机中选择事先做好的程序文件，程序文件头为：

%_N_程序名_MPF

$PATH = LN_MPF_DIR

G90G54G00

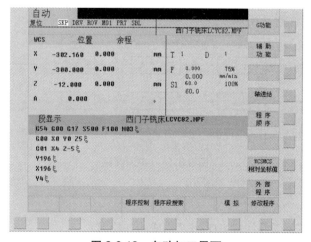

图 9.6.12　自动加工界面

c. 选中并按下窗口中的“打开”键将其打开，这时显示窗口会显示该程序的内容。

d. 按数控启动键，系统执行程序。

e. 停止：按数控停止键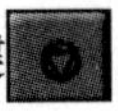，可以停止正在加工的程序；再按数控启动键，就能恢复被停止的程序。

f. 中断：按复位键，可以中断程序加工；再按数控启动键，程序将从头开始执行。

三、实训示例

加工如图 9.6.13 所示的零件，材料为 5 mm 厚钢板，材质 Q235。加工选用ϕ10 mm 高速钢螺旋铣刀，切削用量选 S450 r/min、F100 mm/min。

（1）简要说出加工内容；

（2）编制数控加工程序。

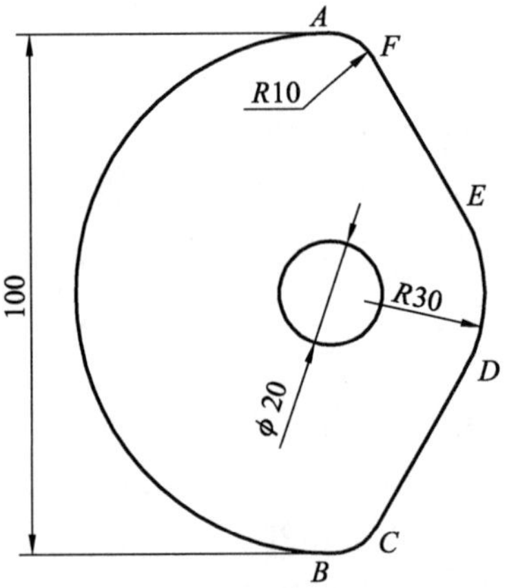

图 9.6.13 数控铣示例

1. 实训流程（见图 9.6.14）

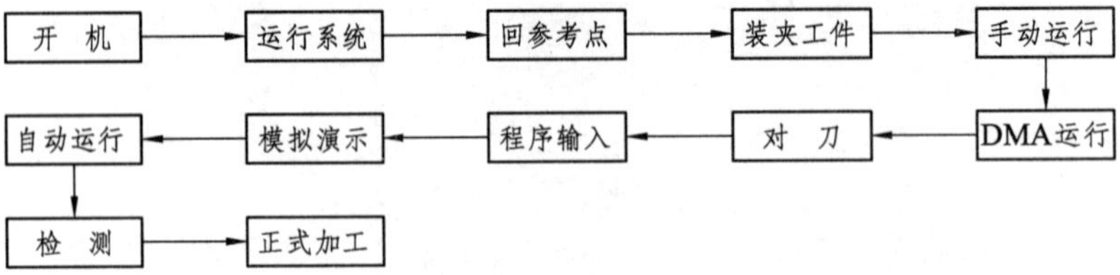

图 9.6.14 实训流程

2. 加工内容

由 *AB*、*BC*、*AF* 三圆弧及线段 *CD*、*EF* 构成的外轮廓。

3. 加工程序

利用手动编程。

1）工艺分析

采用$\phi 20$孔中心作为定位基准，通过螺栓螺母装夹，加工方法为铣削，加工刀具为$\phi 10$ mm高速钢螺旋铣刀，工艺参数为 S450 r/min、F100 mm/min。

2）建立工件坐标系

工件坐标系原点选择在$\phi 20$孔中心线与凸轮顶平面交点处。

3）数学处理

A、B、C、D、E、F各点的坐标计算如下：

A（X0，Y50）；　　　　B（X0，Y－50）；　　C（X8.6603，Y－45）；

D（X25.9808，Y－15）；E（X25.9808，Y15）；F（X8.6603，Y45）。

4）进刀方法

设置进刀线长 20 mm，进刀圆弧 R20，退刀线长 20 mm，退刀圆弧 R20，下刀点坐标（X20、Y90），右刀偏，深度进刀采用 G01 指令。

5）对刀点的选择

考虑便于在机床上装夹、加工，选择工件坐标原点上方 25 mm 处（夹工件螺栓顶部中心）作为对刀点，用 G92 对刀，故 G92　X0　Y0　Z25。

6）编制程序

```
％0809
N01 G90 G54 G00 X20 Y90 Z25         绝对坐标编程、进入下刀点
N02 S450 M03                         主轴启动
N03 G01 Z－7 F200                     下刀
N04 G42 D1 Y70 M07                   开始刀具半径补偿、切削液开
N05 G02 X0 Y50 CR＝20 F100           切入工件至A点；CR＝可用"I-20 J0"代替
N06 G03 Y－50 CR＝50                  切削AB弧；CR＝可用"I0 J-50"代替
N07 X8.6603 Y－45 CR＝10              切削BC弧；CR＝可用"I0 J10"代替
N08 G01 X25.9808 Y-15                切削CD直线
N09 G03 Y15 CR＝30                    切削DE弧；CR＝可用"I-25.9808 J15"代替
N10 G01 X8.6603 Y45                  切削EF直线
N11 G03 X0 Y50 CR＝10                 切削AF弧；CR＝可用"I-8.6603 J-5"代替
N12 G02 X－20 Y70 CR＝20 F200         退刀；CR＝可用"I0 J20"代替
N13 G40 G01 Y90                      取消刀具半径补偿
N14 G01 Z25 F300 M05                 Z向提刀
```

N15 G00 X0 Y0 M09   返回对刀点（起刀点）

N16 M30   程序结束

第七节　加工中心的基本实训

一、实训目的

（1）熟悉加工中心的操作面板和控制系统；

（2）掌握加工中心的基本操作方法和步骤；

（3）了解加工中心的结构组成和加工原理；

（4）了解加工中心的换刀原理；

（5）熟练掌握程序的输入、调试过程。

二、实训准备知识

1. 加工中心（VMC1100）的组成

VMC1100 加工中心的外形如图 9.7.1 所示，该机床是中型通用自动化加工机床，适用于各类中型机械零件和具有复杂型腔的零件及标准化模板的加工，一次装夹后可完成铣、镗、钻、铰、攻丝等多种工序的加工，应用 CAD/CAM 软件及 PC 机，可自动生成数控加工程序，为用户提供模具和复杂零件设计加工最快捷、最完美的一体化解决方案。

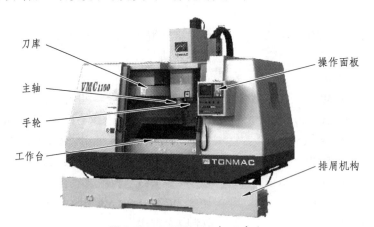

图 9.7.1　VMC1100 加工中心

2. 控制面板说明

数控系统（FANUC Series Oi-MC）控制面板及面板按键说明见图 9.7.2 及表 9.7.1。

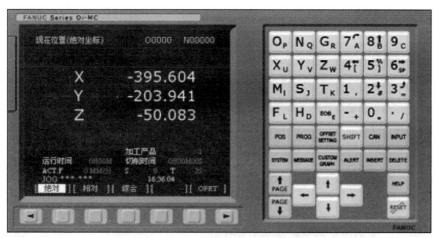

图 9.7.2 FANUC Series Oi-MC 控制面板

表 9.7.1 FANUC Series Oi-MC 控制面板按键说明

按　键		作　用
功能键	POS	选择当前位置的坐标界面，配合屏幕下方的对应键可以选择各种坐标显示
	PROG	可以显示某个程序，只有配合上【EDIT】操作选择功能键方可进行程序编辑
	OFFSET SETTING	刀具补偿和建立工件坐标系的数值输入
	SYSTEM	显示系统参数、故障诊断、伺服参数与主轴参数等
	MESSAGE	在屏幕上显示报警、帮助等信息
复位键	RESET	按下此键可以使 CNC 复位或者取消报警
帮助键	HELP	当对 MDI 键的操作不明白时，按下此键可获得帮助
输入键	INPUT	当按下一个字母或字符时，按下此键，数据被输入到缓存区，并显示在屏幕上
换挡键	SHIFT	系统键盘上，有些键具有两个功能，按下此键，可以在两个功能之间切换
取消键	CAN	按下此键删除最后一个输入到缓存区的字符或符号
编辑键	ALTER	替换当前（光标覆盖）字符
	INSERT	在当前位置插入字符
	DELETE	删除整段
地址和数字键	O N G…	输入相应字母、数字及其他字符
软键	CRT 屏幕底部	根据其使用场合，软键有各种功能
光标移动键		将光标向上、下、左、右或前进、倒退方向移动
翻页键	PAGE	用于在屏幕上朝前或朝后翻一页

机床控制面板及面板按键说明见图 9.7.3 及表 9.7.2。

图 9.7.3　VMC1100 机床控制面板

表 9.7.2　VMC1100 机床控制面板按键说明

按　　钮		功　　能
外部 功能区	急 停	当出现意外时，按下此按钮，机床立即停止工作。该按钮被按下时，它是自锁的，顺时针旋转后即可释放
外部功能区	控制器通电	机床电源打开后，给控制器上电
	控制器断电	操作结束后，给控制器断电
	机床准备	机床通电后，若机床正常运行的条件均已具备，按下此按钮，强电复位并接通伺服
	工作灯	用于接通和断开机床工作灯
CNC程序控制功能区	编辑	在编辑方式中，可以调用、编辑程序，程序自动存储
	自动	在自动方式中，可以使机床运行 CNC 中已选择的程序
	MDI	在 MDI 方式中，可以通过 MDI 面板输入程序段并执行。程序执行结束后，所输入的程序段被清空
	手动	在手动方式中，持续按下手动方向选择按钮，可使所选轴按所选项的方向连续运动
	手轮	在手轮方式中，可以通过旋转手摇脉冲发生器移动机床各进给轴
	快速	在快速方式中，持续按下手动方向选择按钮，可使所选轴按所选的方向连续快速运动
	回零	在回零方式中，按下手动方向选择+按钮，可使所选轴回第一参考点
	DNC	在 DNC 方式中，机床可以和外部设备进行通信，执行存储在外部设备中的程序
	示教	在此方式下，可以通过手轮移动进给轴，找到所需的实际位置并生成所需的程序

（CNC程序控制功能区 - 机床工作方式按钮：编辑、自动、MDI、手动、手轮、快速、回零、DNC、示教）

按　钮		功　能
C N C 程 序 控 制 功 能 区	程序启动	自动操作方式时，按下此按钮，机床开始执行选定的程序
	进给保持	自动执行程序期间，按下此按钮，机床运动轴即减速停止。再次按下程序启动按钮，机床继续执行未执行完的程序
	进给倍率	以给定的 F 指令进给时，可在 0~150% 内修改进给率。手动方式时，也可用其改变进给速率
	调步	自动操作时此按钮接通，程序中有"/"的程序段将不执行
	单段	自动操作执行程序时，每按一下程序启动按钮，只执行一个程序段
	空运行	自动或 MDI 方式时，此按钮接通，机床按空运行方式执行程序
	Z 轴锁定	自动执行程序时，此按钮接通，可禁止 Z 轴方向的移动
	机床锁定	自动、MDI 或手动操作时，此按钮接通，即禁止所有轴向运动，但位置显示仍将更新，S、T 功能不受影响
	选择停	此按钮接通，所执行的程序在遇有 M01 指令处，自动停止执行
	程序重启	该功能用于在刀具断裂或公修后，通过指令启动执行程序段的顺序号来重新启动机床，也可用于高速程序检查。该功能操作具有一定的危险性，请谨慎使用
	手轮插入	自动或 MDI 方式时，接通此按钮，可使用手轮操作，与自动运行中的自动移动相叠加
	程序保护	此开关处于"0"的位置可保护内存程序及参数不被修改，需要执行程序存入或修改操作时，此开关应置"1"
	手动轴选	用于在手动方式、快速方式及回零方式时选择进给轴
	手动	用于在手动方式、快速方式及回零方式时指令进给轴的进给方向
	主轴倍率	S 指令的系数范围：50%~120%
	主轴	手动方式并有 S 指令输入时，使主轴正转、反转、停止
	冷却	任何方式控制冷却泵启动、停止
	刀库	手动方式控制刀库正转、反转
	手动润滑	手动方式控制滑润泵开和关
	冲屑	手动方式控制冲屑泵开和关
	报警复位	手动方式控制冲屑泵开和关

按　钮			功　能
机床状态指示区	准备	电源	机床电源接通指示
		准备好	机床强电复位指示
		（控制器）电源	控制器电源接通指示
	报警	控制器	控制器故障报警指示
		主轴	主轴报警指示
		润滑	滑润泵液面低报警指示
		气压	气压低报警指示
		换刀	自动换刀报警指示
	M02/M30		程序自动运行结束指示
	回零	X	X 轴机床回零指示
		Y	Y 轴机床回零指示
		Z	Z 轴机床回零指示
		Ⅳ	第四轴机床回零指示

3. 基本操作说明（见表 9.7.3）

表 9.7.3　VMC1100 机床基本操作说明

操作项目	操作方法
开机	打开空气开关（电源）→打开机床操作面板上的【控制器通电】按钮，此时 CNC 通电面板上控制器电源指示灯被点亮，CNC 自检，面板所有指示灯自检→释放【急停】按钮→按下操作面板上【报警复位】按钮，"机床准备好"指示灯被点亮→执行各进给轴回零操作
关机	关掉外部设备→按下【急停】按钮→按下【控制器断电】按钮→关闭电源开关→关闭空气开关
回零	将工作方式按钮旋到【回零】位置→依次按【手动轴选】X Y Z 或 Ⅳ
手动卸刀	停止主轴 →将方式选择开关置于手动状态（手动或手轮）→按下铣头正面的【刀具放松按钮】→卸下刀具（卸刀时，注意托好刀具，以免刀具掉下碰伤工作台）
手动装刀	停止主轴 →将方式选择开关置于手动状态（手动或手轮）→将装好刀具的刀柄放入主轴套→按下铣头正面的刀具【放松按钮】→完成装刀（装刀时，注意用力向上托好刀具，并对准定位槽，以使刀具能正常被夹紧）
将刀送入刀库	在 MDI 方式下，选择刀库中的空刀座号→执行 T** M06（T**：将要装刀的空刀座号）→手动将刀具装进主轴→再次执行 T** M06 （T**：下一个将要装刀的空刀座号或将要调用的刀具号）
刀库回零	MDI 方式下执行 M33 指令，刀套与换刀机构状态与换刀操作相同，刀库可自动回零

操作项目	操 作 方 法
急停	危险或紧急时→【急停】→解除危险后顺时针旋转打开急停→【复位】→【回零】
快速移动	将工作方式切换到【快速】→选择 X、Y、Z 或 Ⅳ 轴→按下【手动】的"+"向或"−"向
手轮进给	取下手轮调节器→选择适当倍率→选择 X、Y、Z 或 Ⅳ 轴→转动手轮
对刀操作	① 在 MDI 方式，按 MDI 上面板"POS"，此时 LED 显示屏中显示各种坐标系，如绝对坐标系、相对坐标和综合坐标系等。选择软键【综合】→【操作】→【归零】→【所有轴】，把相对坐标系值归零。 ② 将 CNC 功能选择手动或手轮方式，启动主轴，手拿手轮。若选择工件的中心作为工件坐标系原点，先对 X 轴的工件坐标值，把刀具慢慢移动到 X 向的两侧，并分别记录两侧的值 X_1、X_2，则 X 向工件的中心值为 $X=\dfrac{X_1+X_2}{2}$。按"SYSTEM"，把 X 值输入到 G54 方式中的 X 值位置，X 轴方向的工件坐标系对刀完成。 ③ 同理得出 Y 轴的坐标值，把 Y 值输入到 G54 方式中的 Y 值位置，Y 轴方向的工件坐标系对刀完成。 ④ 然后对 Z 轴的偏值，Z 轴只要对工件的上表面的位置就可以了，将主轴移动到工件的上表面，并与工件有微量的切削，记录此值，按【SYSTEM】→【OFF/SET】→【偏值】，把 Z 轴的工件坐标值输入到对应刀号的刀偏表长度补偿中，并在半径补偿输入刀具的半径值
程序传输	一般情况下，加工中心的加工程序是在自动编程软件帮助下完成的，产生的程序相当长，如果靠人工输入程序，势必会降低加工的效率并且容易出错，因此，一般采取以下两种程序传输方式： 1. CF 卡方式 把在 CAM 软件中自动生成的程序，在计算机上用记事本打开，把程序修改成数控机床要求的格式（这里是 FANUC Series Oi-MC 数控系统），程序以"%"开头，G80 G90 G49 G40 作为程序的开始，程序结束以"%"结束。以 CF 卡导入程序必须有"%"作为程序开头和程序结束且在保存文档时，必须把文档的后缀名去掉，系统只识别无后缀名的文件。把文档保存到 CF 卡，在数控系统的 MDI 面板插槽中插入 CF 卡。可以进行两种模式加工：① 在 MDI 方式下，把 CF 卡里面的程序导入系统，按【SYSTEM】→【操作】→【>】→【卡】，在光标显示处输入程序号 0××××，然后按【导入】把程序导入系统，当导入完成后，数控系统中就有了程序号为 0×××× 的新程序，拔出 CF 卡。② 在 DNC 方式下可以直接执行卡里的程序，进入加工页面【PROGRAM】→【>】→【DNC-CD】选择 CF 卡上加工程序的编号或程序名，按【DNC-ST】键，再按循环启动，进行加工。 2. 远程传输方式 以远程传输软件作为介质，修改匹配个人计算机和数控系统的参数，从个人计算机导入程序进入数控系统中，或从数控系统中导出程序进入个人计算机，还可以进行在线加工，直接在个人计算机控制数控系统进行加工
程序编辑	功能键旋到"程序编辑"→系统面板上的【PROG】→打开程序保护→进入系统程序编辑操作（选择程序、新录程序、修改程序等）
程序单段运行	功能键旋到"自动运行"→【单段运行】→【程序启动】
程序自动运行	功能键旋到"自动运行"→【程序启动】→加工结束

三、实训示例

用加工中心加工如图 9.7.4 所示的零件，材料为 45 钢，毛坯尺寸为 100 mm×100 mm×18 mm，按图纸要求完成下面工作：

（1）简要说出加工内容及刀具的选择；

（2）编制加工工艺清单；

（3）编制数控加工程序。

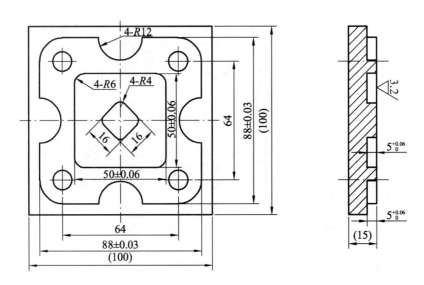

图 9.7.4　加工示例

1. 实训流程（见图 9.7.5）

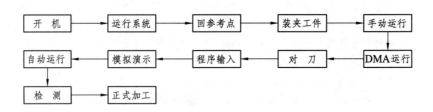

图 9.7.5　实训流程

2. 加工内容

平面铣削、轮廓铣削、槽铣削、打定位孔、钻孔。

3. 加工工艺清单（见表9.7.4）

表9.7.4 加工工艺清单

工步号	程序段号	工步内容	刀具	切削用量 S 功能	切削用量 F 功能	切深（mm）
1	NO.1	粗铣顶面	端面铣刀（ϕ125）	$v = 90$ m/min S240	$f = 0.2$ mm/齿 F300	2.5
2	NO.2	精铣顶面	端面铣刀（ϕ125）	$v = 120$ m/min S830	F120 $f = 0.15$ mm/齿	0.5
3	NO.3	钻 4-ϕ10 孔中心孔	中心钻（ϕ2）	S1000	F100	深 1.5
4	NO.4	钻 4-ϕ10 孔	麻花钻（ϕ9.8）	$v = 20$ m/min S550	$f = 0.2$ mm/rev F110	深 6
5	NO.5	粗铣外轮廓	立铣刀（ϕ10，2 刃）	$v = 20$ m/min S400	$f = 0.15$ mm/齿 F110	2.5
6	NO.6	粗铣 50 mm×50 mm 槽	立铣刀（ϕ10，2 刃）	$v = 25$ m/min S400	$f = 0.08$ mm/齿 F150	2.5
7	NO.7	精铣外轮廓	立铣刀（ϕ10，2 刃）	$v = 20$ m/min S550	$f = 0.08$ mm/齿 F110	0.3
8	NO.8	精铣 50 mm×50 mm 槽	立铣刀（ϕ10，2 刃）	$v = 25$ m/min S550	$f = 0.08$ mm/齿 F150	0.3

4. 加工程序

用 MasterCAM 进行自动编程。

（1）在 CAD 功能模块下绘制图形（见图9.7.5）。

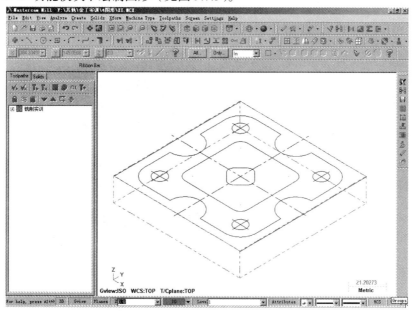

图9.7.5 在 MasterCAM 下绘制的零件图

（2）根据加工工艺编制刀具路径（图 9.7.6）

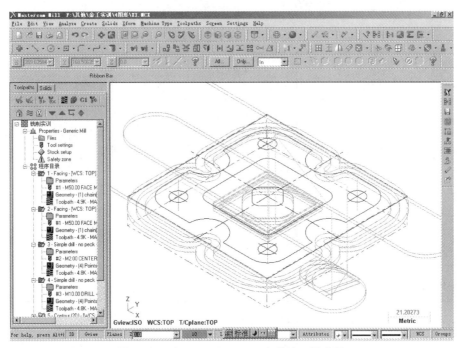

图 9.7.6　在 MasterCAM 下生成的刀具路径

（3）根据刀具路径进行模拟加工（见图 9.7.7）。

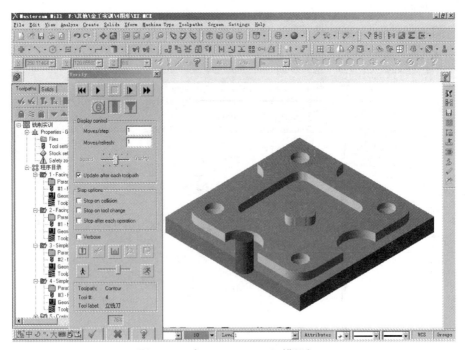

图 9.7.7　在 MasterCAM 下模拟加工

（4）根据刀具路径生成数控加工程序（见图 9.7.8）。

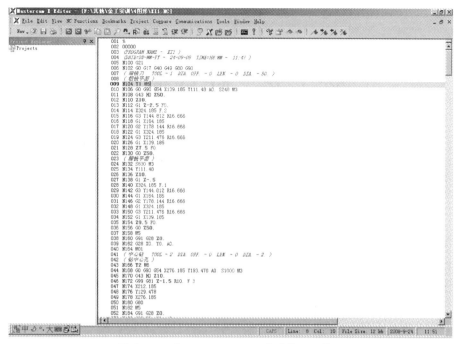

图 9.7.8 在 MasterCAM 下生成的 NC 代码

（5）将程序导入专用传输系统（CIMCO Edit V5）编辑后，通过 R232 接口传入机床（见图 9.7.9）。

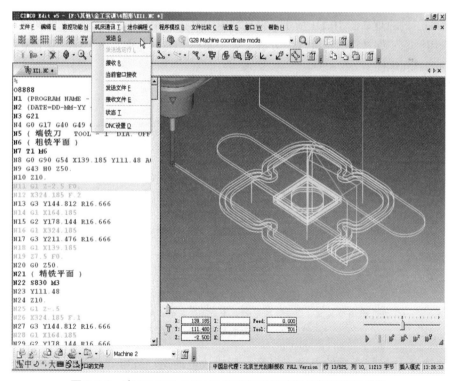

图 9.7.9 在 CIMCO Edit V5 下进行刀具路径编辑及程序传输

第十章　特种加工

第一节　电火花成型加工

一、实训目的

（1）了解电火花加工的机理；
（2）懂得电火花加工的基本工艺；
（3）了解电火花加工参数及极性；
（4）了解影响电火花加工精度和表面质量的因素；
（5）掌握电火花成型加工机床的操作方法。

二、实训准备知识

1. 电火花加工原理

电火花加工的原理如图 10.1.1 所示，它是利用浸没在工作液中的电极和工件间脉冲放电时产生的电蚀作用蚀除工件材料的特种加工方法（英文简称 EDM），主要用于加工具有复杂形状的型孔和型腔的模具和零件。

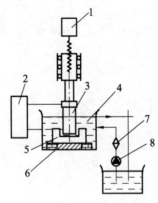

图 10.1.1　电火花加工原理

1—自动进给调节装置；2—脉冲电源；3—工具电极；4—工作液；5—工件；
6—工作台；7—过渡器；8—工作液泵

加工原理：① 极间介质的电离、击穿，形成放电通道。放电通道是由大量带正电和负电的粒子以及中性粒子组成，带电粒子高速运动，相互碰撞，产生大量热能，使通道温度升高，通道中心温度可达到 10 000 °C 以上。由于放电开始阶段通道截面很小，而通道内由于高温热膨胀形成的压力高达几万帕，高温高压的放电通道急速扩展，产生一个强烈的冲击波向四周传播。在放电的同时还伴随着光效应和声效应，这就形成了肉眼所能看到的电火花。② 电极材料的融化、汽化和热膨胀。液体介质被电离、击穿后形成放电通道，通道间带负电的粒子奔向正极，带正电的粒子奔向负极，粒子间相互撞击，产生大量的热能，使通道瞬间达到很高的温度。通道高温首先使工作液汽化，进而汽化，然后高温向四周扩散，使两电极表面的金属材料开始融化直至沸腾汽化。汽化后的工作液和金属蒸气瞬间体积猛增，形成了爆炸的特性。所以在观察电火花加工时，可以看到工件与工具电极间有冒烟现象并能听到轻微的爆炸声。③ 电极材料的抛出。正负电极间产生的电火花现象，使放电通道产生高温高压。通道中心的压力最高，工作液和金属汽化后不断向外膨胀，形成内外瞬间压力差，高压力处的熔融金属液体和蒸气被排挤，抛出放电通道，大部分被抛入工作液中。加工中看到的橘红色火花就是被抛出的高温金属熔滴和碎屑。④ 极间介质的消电离。如果电火花放电加工过程中产生的电蚀产物来不及排除和扩散，产生的热量将不能及时传出，从而使该处介质局部过热，局部过热的工作液高温分解、结碳，使加工无法进行，并烧坏电极。因此为了保证电火花加工过程的正常进行，在两次放电之间必须有足够的时间间隔让电蚀产物充分排除，恢复放电通道的绝缘性，使工作液介质消电离。

2. 电火花成型加工的基本工艺路线（见图 10.1.2）

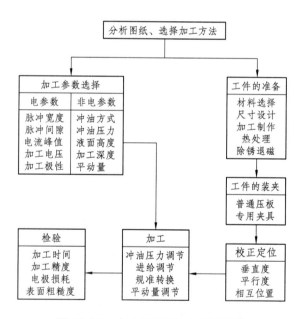

图 10.1.2　电火花成型加工基本路线

3. DM7145 电火花成型加工机床的结构组成

电火花成型加工机床由床身、工作液循环箱、主轴头、立柱、工作液槽和电源箱等部分组成，如图 10.1.3 所示，各组成部件说明见表 10.1.1。

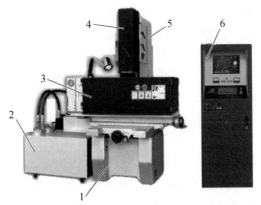

图 10.1.3　DM7145 电火花成型加工机床的组成

1—床身；2—工作液循环箱；3—工作液槽；4—主轴头；5—立柱；6—电源箱

表 10.1.1　电火花成型加工机床组成部件说明

图中标号	名　称	功　能
1	床身	机床各部件的支撑
2	工作液循环箱	由工作液泵、容器、过滤器及管道等组成。过滤后的清洁工作液经油泵加压，强迫冲入电极与工件之间的放电间隙里，将放电腐蚀产生的电蚀产物随同清洁液一起经放电间隙排除
3	工作液槽	保证油液浸过工件，在加工中起保护作用
4	主轴头	在结构上由伺服进给机构、导向和防扭机构、辅助机构三部分组成，用以控制工件与工具电极之间的放电间隙
5	立柱	承受主轴负重和运动部件突然加速运动的惯性力

4. DM7145 电火花成型加工机床的面板介绍

操作面板及按键说明见图 10.1.4 和表 10.1.2。

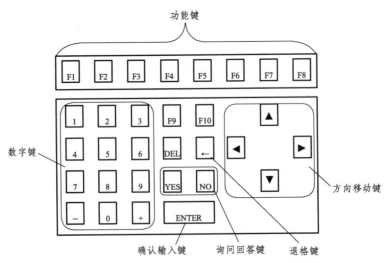

图 10.1.4　DM7145 电火花成型加工机床操作面板

表 10.1.2　DM7145 电火花成型加工机床的操作面板按键说明

按　键	功　能
功能键 F1~F10	设定或执行使用功能
数字键：0~9	输入数字用，包括坐标位置及 EDM 参数
ENTER 键	确认输入键
YES/NO 键	询问回答键（是/不是）
退格键	用于删除错误输入
移动键	用于程式编辑及轴向选择

操作画面及说明见图 10.1.5 及表 10.1.3。

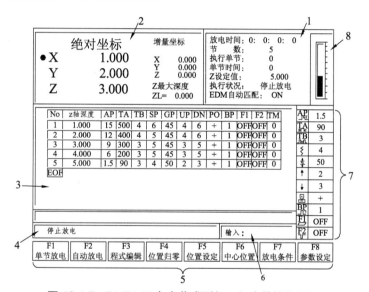

图 10.1.5　DM7145 电火花成型加工机床的操作画面

表 10.1.3　DM7145 电火花成型加工机床的操作画面说明

图中标志	名　称	功能（含义）
1	状态显示窗	显示执行状态，包含计时器、总节数执行单节及 Z 轴设定值
2	位置显示窗	显示各轴位置，包含绝对坐标及增量坐标 X、Y、Z 三轴
3	程式编辑视窗	程式编辑操作（自动加工专用）
4	讯息视窗	显示加工状态及讯息
5	功能键显示视窗	F1~F8 操作按键
6	输入视窗	显示输入视窗
7	EDM 参数显示视窗	EDM 参数操作更改
8	加工深度视窗	以图示显示加工深度

5. DM7145 电火花成型加工机床的基本操作（见表 10.1.4）

表 10.1.4　DM7145 电火花成型加工机床的基本操作

操作项目	操作方法
手动放电	（1）键入加工深度尺寸，按 ENTER 输入； （2）调整放电参数（按"F7"）； （3）查看液面安全开关是否开启，灯亮时液面安全开关取消，灯灭时，如油槽内油面在指示高度上，按放电即可开始加工，并且打开液面安全开关。若不浸油，须灯亮才可加工； （4）按放电 ON 开始加工； （5）当尺寸到达时，Z 轴会自动上升至安全预设之高度，同时蜂鸣器报警； （6）欲再修改 Z 轴深度值时，在停止放电下，按 F1 即可修改
程式编辑	（1）按 F3 进入程式编辑器，使用上下左右游标键移动游标至编辑栏位； （2）在 Z 轴输入栏输入数字； （3）使用 F3 与 F4 更改 EDM 参数； （4）编辑程式（使用 F1 插入所需单节，此时系统会将光标所在单节拷贝到下一单节；使用 F2 删除不要的单节）； （5）编辑完成后使用 F8 跳出编辑
自动放电	（1）准备好加工程序； （2）按下"F2"进入本功能； （3）通过光标选择预备执行之单节（程式执行时是由单节号码少的节数向节数大的单节执行，而执行的状态可从状态栏看到，在放电中可按 F7 修改放电条件）； （4）放电执行（碰到有设定时间（TM）加工的，如果加工深度先到则往下一单节执行，如果时间先到则不管加工深度而继续往下一单节执行）； （5）加工结束（当尺寸到达，Z 轴会自动上升至安全高度） 　＊自动放电与手动放电不同之处在自动放电是按照程式编辑来执行的
位置归零	若需建立工作零点： （1）按"F4"进入位置归零状态，此时电流自动改为 0，Z 轴不抬刀，跳出后自动恢复原设定值； （2）使用游标移到归零轴向； （3）按"F4"位置归零； （4）按"Y"归零确认
位置设定	（1）将光标移动到归零轴； （2）按"F5"（位置设定）； （3）输入需设定的数字； （4）按"ENTER"确定
中心位置	（1）将光标移动到欲找中心位置之轴向（只限 X、Y 轴）； （2）按"F6"（中心位置）； （3）寻找轴向两边位置； （4）按"ENTER"确定

操作项目	操作方法
放电条件	（1）使用上下光标移动到需要修改的条件； （2）使用左右光标增加或减少； （3）所修改的条件会随时被送到放电系统中； （4）如果自动匹配功能打开，则调整 AP 时系统会自动匹配其他参数； （5）"F10"可关闭自动匹配功能； （6）自动、单节放电时，在加工中均可随时修改其放电条件； 　＊改变 AP（电流）时，TA（放点时间）、TB（放点休止时间）等也会随之改变
参数设定	（1）按 F8 进入参数设定； （2）选择参数设定项目（机械参数、工作参数、颜色、EDM 表）； （3）移动光标到所需设定的参数的位置； （4）进行设定

6. DM7145 电火花成型加工机床放电条件中各参数的意义（见表 10.1.5）

表 10.1.5　DM7145 电火花成型加工机床放电条件中各参数的意义

参数	含　义	功　　能
Ap	峰值电流	电流设定值为 0～60 A。设定值大，加工电流大，火花大，速度较快，表面粗糙，间隙较大；设定值小，加工电流小，火花较小，速度较慢，表面较细，间隙也小。加工电流设定须与放电弧、休止幅配合，方能达到最佳之放电效果
TA	放电时间 脉冲宽度	以相同加工电流加工时，设定值大，表面粗糙，间隙大，电极消耗小；设定值小，表面细，间隙小，电极消耗大。一般粗加工时选 150～600，精加工时逐渐减少
TB	放电休止时间 脉冲间隙	以相同加工电流加工时，设定值小，效率高，速度快，排渣不易；设定值大，效率低，速度慢，易排渣。一般情况下 EDM 自动匹配，积炭严重时，可以加大脉冲间隙（如加大一挡）
$\lessgtr$	伺服敏感度	设定范围为 1～9。设定值大，第二段速度快；设定值小，第二段速度慢，适用精加工。一般情况下 EDM 自动匹配，在积炭严重时，可以缩短放电时间或加大抬头时间
$\frac{\perp}{\top}$	间隙电压	加工间隙电压设定范围为 30～120 V。设定值小，放电间隙电压低，效率较高，速度快，排渣不易；设定值大，放电间隙电压高，效率较低，速度慢，易排渣。中粗加工适合电压为 45～50 V，精加工适合电压为 60 V 以上。一般情况下 EDM 自动匹配
↑	伺服脉动	机头上升时间调整：设定范围为 1～15。设定值小，上升排渣距离小，加工不浪费时间；设定值大，上升排渣距离大，加工费时较长。设定为 0 表示不跳跃
↓	伺服脉动	机头下降时间调整：设定值小，加工时间少，易排渣；设定值大，加工时间长，不易排渣
BP	高压电流	高压电流加工电流设定值为 0～5。设定值大电流大，火花大，速度快，表面粗糙，间隙大；设定值小电流小，火花小，速度慢，表面细，间隙小。使用时配合低压电流使用，增加加工稳定度，设定值大时电极损耗相对提高，正常设为 1

7. 手控盒操作

手控盒需打开紧急开关才有作用。手控盒面板及操作说明见图 10.1.6 及表 10.1.6。

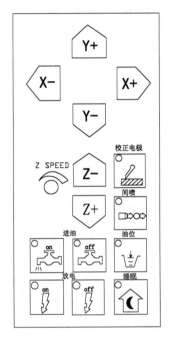

图 10.1.6 DM7145 手控盒面板

表 10.1.6 DM7145 手控盒面板操作说明

按　键	功　能
X+、X－ Y+、Y－	*X*、*Y* 轴伺服（移动）
Z+、Z－	*Z* 轴上下移动
Z　SPEED	*Z* 轴手动速度调节
校正电极	ON：用于校正电极，此时电极保护功能取消。电极与工作物接触时，蜂鸣器不报警，*Z* 轴还是会往下移动。＊校正电极后须将此键 OFF。 OFF：电极保护开启，当电极与工作物接触时，蜂鸣器报警，*Z* 轴不能往下移动
间喷	未使用
油位	ON：关闭液面及温度安全开关。 OFF：打开液面及温度安全开关，待油面下降或温度超过 50 ℃ 时，停止放电
进油	进油供给状态切换
放电	加工状态切换
睡眠	ON：当深度到达，*Z* 轴上升至上极限，关闭报警声及受控盒功能 OFF：使用受控盒功能

三、实训示例

制作如图 10.1.7 所示的校徽纪念章。

【示例分析】

（1）工件：铣、磨好型面直径 ϕ32 mm、厚 3 mm 的 45 钢工件。

（2）工具：在圆周直径为 ϕ30 mm 的紫铜面上雕刻出校徽花纹（用激光雕刻机）并在背面焊装电极柄。

（3）工艺：单电极直接成型法，采用正极性加工。

（4）设备：DM7145 电火花成型加工机。

（5）规准：见表 10.1.7。

图 10.1.7　校徽纪念章

表 10.1.7　DM7145 加工参数设定

项　目	AP（A）	TA（μs）	TB（μs）	$\lessgtr$	$\bar{\underline{\underline{}}}$（V）	↑	↓
粗加工	4.5	120	3	5	45	4	3
精加工	1.5	30	3	4	60	2	2

（6）步骤：

① 采用单节放电；

② 按"F1"选择单节放电，输入加工深度 1 mm，按 ENTER 确认；

③ 按"F7"调整放电参数，各参数设置规准见表 10.1.7 中的粗加工栏；

④ 由于本实例不必采用浸油加工，故按油位开关确保灯一直亮；

⑤ 打开进油开关；

⑥ 按放电 ON 开始加工；

⑦ 当尺寸到达时，Z 轴会自动上升到安全高度，同时蜂鸣器报警；

⑧ 同样采用单节放电，将加工深度改为 0.08 mm；

⑨ 按"F7"调整放电参数，各参数设置规准见表 10.1.7 中的精加工栏；

⑩ 重复④、⑤、⑥；

⑪ 加工结束。

第二节　电火花数控线切割加工

一、实训目的

（1）了解数控线切割机床加工的原理、特点和应用；

（2）了解数控线切割机床的编程方法和格式；

（3）熟悉数控线切割机床的操作方法；

（4）了解计算机辅助加工的概念和加工过程。

二、实训准备知识

1. 电火花数控线切割加工原理

电火花数控线切割加工原理如图 10.2.1 所示，过程中主要包含下列三部分内容：

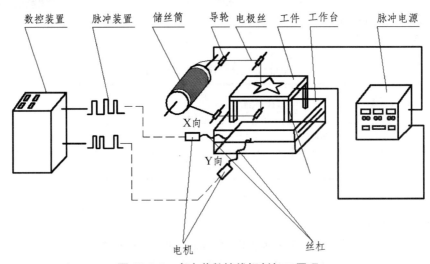

图 10.2.1　电火花数控线切割加工原理

1）电极丝与工件之间的脉冲放电

电火花线切割时电极丝接脉冲电源的负极，工件接脉冲电源的正极。在正负极之间加上脉冲电源，当来一个电脉冲时，在电极丝和工件之间产生一次火花放电，在放电通道的中心温度瞬时可高达 10 000 ℃以上，高温使工件金属熔化，甚至有少量汽化，高温也使电极丝和工件之间的工作液部分产生汽化，这些汽化后的工作液和金属蒸气瞬间迅速热膨胀，并具有爆炸的特性。这种热膨胀和局部微爆炸，将熔化和汽化了的金属材料抛出而实现对工件材料进行电蚀切割加工。通常认为电极丝与工件之间的放电间隙在 0.01 mm 左右，若电脉冲的电压高，放电间隙会大一些。

2）电极丝沿其轴向（垂直或 Z 方向）做走丝运动

为了电火花加工的顺利进行，必须创造条件保证每来一个电脉冲时在电极丝和工件之间产生的是火花放电而不是电弧放电。首先必须使两个电脉冲之间有足够的间隔时间，使放电间隙中的介质消电离，即使放电通道中的带电粒子复合为中性粒子，恢复本次放电通道处间隙中介质的绝缘强度，以免总在同一处发生放电而导致电弧放电。一般脉冲间隔应为脉冲宽度的 4 倍以上。

3）工件相对于电极丝在 X、Y 平面内做数控运动

工件安装在上下两层的 X、Y 坐标工作台上，分别由步进电动机驱动做数控运动。工件相对于电极丝的运动轨迹，是由线切割编程所决定的。

为了保证火花放电时电极丝不被烧断，必须向放电间隙注入大量工作液，以便电极丝得到充分冷却。同时电极丝必须做高速轴向运动，以避免火花放电总在电极丝的局部位置而被烧断，电极丝速度在 7～10 m/s。高速运动的电极丝，还有利于不断往放电间隙中带入新的工作液，同时也有利于把电蚀产物从间隙中带出去。

电火花线切割加工时，为了获得比较好的表面粗糙度和高的尺寸精度，并保证电极丝不被烧断，应选择好相应的脉冲参数，并使工件和电极丝之间的放电必须是火花放电，而不是电弧放电。

2. 电火花线切割机的组成（见图 10.2.2 和图 10.2.3）

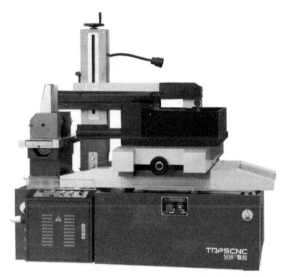

图 10.2.2　DK7732Z 型电火花线切割加工机外形

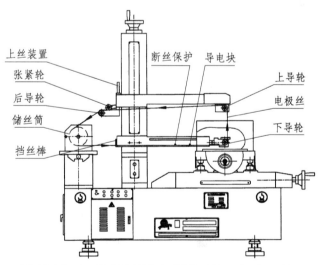

图 10.2.3　DK7732Z 型电火花线切割加工机床正面图

3. DK7732Z 型电火花线切割加工机床的面板介绍

机床控制面板如图 10.2.4 所示，面板上各按钮的作用如下：

SB1——自锁急停按钮；

SB2——总控启动按钮；

SB3——运丝停止按钮；

SB4——运丝启动按钮

SB5——水泵停止按钮；

SB6——水泵启动按钮；

SB7——断丝保护按钮；

SB8——自动值班按钮。

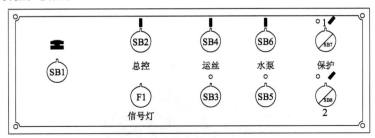

图 10.2.4 DK7732Z 型机床控制面板

脉冲电源控制面板如图 10.2.5 所示。图中各部件的作用如下：

SB1——急停按钮；

SB2——启动按钮；

SA7——高低压切换按钮；

SA9——加工结束停机转换按钮；

SA1～SA4——高频功放电流选择开关；

SA5——高频脉冲宽度选择开关；

SA6——高频脉冲间隔选择开关；

PA——加工高频电流表；

PV——高频取样电压表。

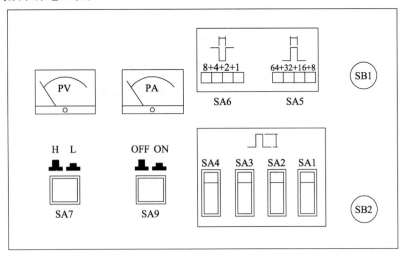

图 10.2.5 DK7732Z 型机床的脉冲电源控制面板

4. 基本操作

1）操作准备

① 启动电源开关，让机床空载运行，观察其工作状态（脉冲电源、运动部件、循环系统等）是否运行正常。

② 润滑注油。

③ 添加或更换工作液。

④ 检查电极丝能否保证加工要求。

2）穿 丝

① 启动运丝电机，检查电机转向（储丝筒逆时针方向旋转时，运丝拖板向工作人员移动）。

② 用摇把顺时针方向转动储丝筒，使运丝拖板向远离工作人员的方向移动。

③ 将电极丝盘安放在上线架的上丝装置上，按"挡丝棒→断丝保护→导电块→下导轮→上导轮→张紧轮→后导论→储丝筒"路线穿丝，并将电极丝末端固定于储丝筒的压丝螺钉上。

④ 用摇把逆时针方向转动储丝筒，使运丝拖板向工作人员方向移动，让电极丝均匀紧密地排列在储丝筒上。

⑤ 将电极丝末端固定于储丝筒另一侧的压丝螺钉上，同时调整行程开关位置并取下摇把。

⑥ 用紧丝轮将电极丝张紧，启动运丝电机，接近电极丝末端时关闭运丝电机，并松开压丝螺钉重新压紧电极丝。

⑦ 检查电极丝松紧（有一定的弹性为宜），过松则重复上一步骤（紧丝时不得使用储丝筒逆时针旋转，以防过紧断丝）。

⑧ 重新调整行程开关位置（保证储丝筒两端的电极丝缠绕宽度不少于 3 mm）。

 ＊放丝侧与收丝侧应对称于导轮槽中线平面、电极丝在储丝筒上排列时不得有重叠现象。

3）调 整

① 导论的调整（既要保持导轮转动灵活，又要无轴向窜动）。

② 电极丝的调整（用角尺或电极丝垂直校正器将电极丝校正）。

③ 检查工作台及锥度装置。

4）工件装夹

① 将工件固定在工作台上。

② 装夹工件时，应根据图纸要求用千分表找正工件的基准面。

③ 检查工件位置是否在工作台行程的有效范围内。

④ 在切割过程中，工件及夹具不应碰到丝架的任何部位，不应与夹具产生切割现象。

5）文件调入

① 从图库 WS－C 调入：在主菜单下按 F 键，按回车键，光标移到所需文件，按回车键、按 ESC 退出。存入图库的文件长期保留，存放在虚拟盘的文件在关机或按复位键后自动清除。

② 从硬盘调入：按 F4、再按 D，把光标移到所需文件，按 F3，把光标移到虚拟盘，按回车，再按 ESC 退出。

③ 从软盘调入：按 F4，插入软盘；按 A，把光标移到所需文件；按 F3，把光标移到虚拟盘；按回车键，再按 ESC 退出。注：运用 F3 键可以使文件在图库、硬盘、软盘三者之间互相转存。

④ 修改 3B 指令：有时需临时修改某段 3B 指令。在主菜单下，按 F 键，光标移到需修改的 3B 文件；按回车键，显示 3B 指令；按 INSERT 键后，用上、下、左、右箭头及空格键即可对 3B 指令进行修改；修改完毕，按 ESC 退出。

⑤ 手工输入 3B 指令：有时切割一些简单工件，如一个圆或一个方形等，则不必编程，可直接用手工输入 3B 指令。操作方法为：在主菜单下按 B 键，再按回车键，然后按标准格式输 3B 指令。

6）模拟切割

为保险起见，调入文件后正式切割之前，先进行模拟切割，以便观察其图形（特别是锥度和上、下异形工件）及回零坐标是否正确，避免因编程疏忽或加工参数设置不当而造成工件报废。操作如下：

① 在主菜单下按 X，显示虚拟盘加工文件（3B 指令文件）。如无文件，必须退回主菜单调入加文件（见“文件调入”一节）。

② 光标移到需要模拟切割的 3B 指令文件，按回车键，即显示出加工件的图形。如果图形的比例太大或太小，不便于观察，可按 +、- 键进行调整。如果图形的位置不正，可按上、下、左、右箭头键调整。

③ 如果是一般工件（即非锥度，非上下异形工件），可按 F4、回车键，即时显示终点 X、Y 回零坐标。

锥度或上下异形工件，必须观察其上下面的切割轨迹。按 F4，显示模拟参数设置子菜单，其中限速为模拟切割速度，用左、右箭头键可调整。

7）正式切割

经模拟切割无误后，装夹工件，开启丝筒、水泵、高频，进行正式切割。

① 在主菜单下，选择加工 #1（只有一块控制卡时只能选加工 #1。如果同时安装有多块控制卡，可以选择加工 #2、加工 #3、加工 #4），按回车键、C，显示加工文件。

② 光标移到要切割的 3B 文件，按回车键，显示出该 3B 指令的图形，调整大小比例及适当位置。

③ 按 F3，显示加工参数设置子菜单并进行相应设置。

④ 各参数设置完毕，按 ESC 退出。按 F1 显示起始段 1，表示从第 1 段开始切割（如果要从第 N 段开始切割，则按清除键清除 1 字，再输入数字 N）。再按回车键显示终点段 XX（同样，如果要在第 M 段结束，用清除键清除 XX，再输入数字 M），再按回车键。

⑤ 按 F12 锁进给（进给菜单由蓝底变浅绿，再按 F12，则由浅绿变蓝，松进给）。

⑥ 按 F10 选择自动（菜单浅绿底为自动，再按 F10，由浅绿变蓝为手动）。

⑦ 按 F11 开高频，开始切割。（再按 F11 为关高频）。

8）切割过程中各种情况的处理

① 跟踪不稳定：按 F3 后，用向左、右箭头键调整变频（V. F.）值，直至跟踪稳定为止。当切割厚工件跟踪难以调整时，可以适当调低步进速度值后再进行调整，直到跟踪稳定为止。调整完后按 ESC 退出。

② 短路回退：发生短路时，如果参数设置为自动回退，则数秒钟后（由设置数字而定）系统会自动回退，短路排除后自动恢复前进。若持续回退 1 min 后短路仍未排除，则自动停机报警。如果参数设置为手动回退，则要人工处理：先按空格键，再按 B 进入回退。短路排除后，按空格键，再按 F 恢复前进。如果短路时间持续 1 min 后无人处理，则自动停机报警。

③ 临时暂停：按空格键暂停，按 C 键恢复加工。

④ 设置当段切割完暂停：按 F 键即可，再按 F 则取消。

⑤ 中途停电：切割中途停电时，系统自动保护数据。复电后，系统自动恢复各机床停电前的工作状态。首先自动进入一号机画面，此时按 C、F11 即可恢复加工。然后按 ESC 退出。再按相应数字键进入该号机床停电前的画面，按 C、F11 恢复加工。

⑥ 中途断丝：按空格键，再按 W、Y、F11、F10，拖板即自动返回加工起点。

⑦ 退出加工：加工结束后，按 E、ESC 即退出加工返回主菜单。加工中途按空格键再按 E、ESC 也可退出加工。退出后如想恢复，可在主菜单下按【Ctrl】加 W。

⑧ 逆向切割：切割中途断丝后，可采用逆向切割，这样一方面可避免重复切割、节省时间，另一方面可避免因重复切割而引起的光洁度及精度下降。操作方法：在主菜单下选择加工，按回车键、C，调入指令后按 F2、回车键，再按回车键，锁进给，选自动，开高频即可进行切割。

⑨ 自动对中心：在主菜单下，选择加工，按回车键，再按 F、F1 即自动寻找圆孔或方孔的中心，完成后显示 X、Y 行程和圆孔半径。按【Ctrl】加箭头键，则碰边后停，停止后显示 X、Y 行程。

三、实训示例

加工如图 10.2.6 所示零件的轮廓。

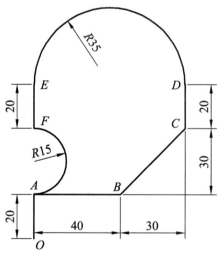

图 10.2.6　线切割加工示例

1. 分析零件图

选择图形中 *O* 点为起刀点，走刀路线可以是 *OA—AB—BC—CD—DE—EF—FA—AO*，也可

以是 OA—AF—FE—ED—DC—CB—BA—AO。

2. 手动编制零件加工程序（3B 程序）

按 OA—AB—BC—CD—DE—EF—FA—AO 走刀路线编程如下：

走直线 OA：B0 B20000 B20000 GY L2

走直线 AB：B40000 B0 B40000 GX L1

走直线 BC：B30000 B30000 B30000 GX L1

走直线 CD：B0 B20000 B20000 GY L2

走圆弧 DE：B35000 B0 B70000 GY NR1

走直线 EF：B0 B20000 B20000 GY L4

走圆弧 FA：B0 B15000 B30000 GX SR2

走直线 AO：B0 B20000 B20000 GY L4

3. 输入程序（略）

4. 加　工

或者在自动编程环境下（PRO）绘制图形，利用图形自动生成加工程序进行加工。

进入 PRO 绘图环境→绘图→作进刀线→自动编程（回主菜单→数控程序→加工路线→选择加工路线→半径补偿→间隙补偿）→文件保存→代码存盘→退出系统→加工 1→切割→选择文件→F1（开始）→F10（自动）→F11（高频）→F12（进给）。

第三节　激光加工

一、实训目的

（1）了解激光加工机床的加工原理、特点和应用；

（2）熟悉激光加工机床的基本操作方法；

（3）了解计算机辅助加工的概念和加工过程。

二、实训准备知识

1. 激光加工原理

从激光器输出的高强度激光经过透镜聚焦到工件上，其焦点处的功率密度高达 108 ~ 1 010 W/cm^2，温度超过 10 000 ℃，任何材料都会瞬时熔化、汽化。激光加工就是利用这种光能的热效应对材料进行焊接、打孔和切割等加工的。通常用于加工的激光器主要是固体激光器和气体激光器。图 10.3.1 所示为气体激光器加工原理图。

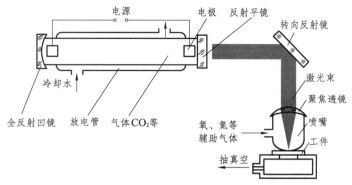

图 10.3.1　气体激光器加工原理图

2. 激光加工的特点和应用

激光加工的特点是：① 激光束能聚焦成极小的光点（达微米数量级），适合于微细加工（如微孔和小孔等）；② 功率密度高，可加工坚硬高熔点材料，如钨、钼、钛、淬火钢、硬质合金、耐热合金、宝石、金刚石、玻璃和陶瓷等；③ 无机械接触作用，无工具损耗问题，不会产生加工变形；④ 加工速度极快，对工件材料的热影响小；⑤ 可在空气、惰性气体和真空中进行加工，并可通过光学透明介质进行加工；⑥ 生产效率高，例如打孔速度可达每秒 10 个孔以上，对于几毫米厚的金属板材切割速度可达每分钟几米。

3. 激光打标机（LSY50F）

激光打标是在激光加工领域中应用最广泛的技术之一，是通过表层物质的蒸发露出深层物质，或者通过光能导致表层物质的化学物理变化而"刻"出痕迹，或者通过光能烧掉部分物质，显出所需刻蚀的图案、文字。该技术是当代高科技激光技术和计算机技术的结晶。

LSY50F 型激光打标机的外形和操作面板如图 10.3.2 和图 10.3.3 所示。

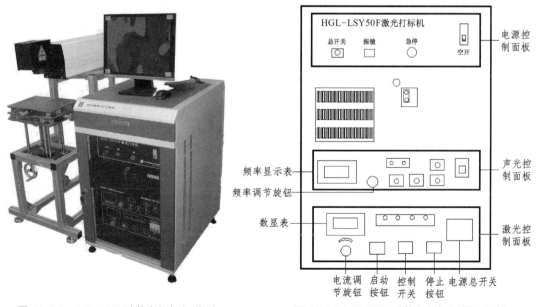

图 10.3.2　LSY50F 型激光打标机外形　　　图 10.3.3 LSY50F 型激光打标机操作面板

LSY50F 型激光打标机的基本操作如下：

1）开　机

开机前先确认电源是否正常连接、水箱是否已经装满水、有无接口漏水现象，水箱延时继电器调到 3 min 位置（分体水箱），然后才可以执行开机顺序①、②。等待水箱自动启动并运行 5 min，检查无漏水情况后才可以接着运行。

开机顺序如下：

① 打开空气开关（计算机、显示器电源启动）；

② 顺时针旋转钥匙开关（水箱启动）；

③ 打开激光电源空气开关；

④ 确认激光电源面板显示电流"7.0 A"，若不是则转动电位器调整到 7.0 A；

⑤ 等待"ready"信号灯亮后，再按下"RUN"绿按键；

⑥ 打开声光电源的电源开关；

⑦ 按下振镜电源开关。

2）选择图像

① 打开计算机箱前门，并启动计算机；

② 运行 HGLasermark 程序，程序主界面如图 10.3.4 所示；

③ 选择欲打标的图像；

④ 对图像进行处理（在系统工具栏选择"修改→变换"）并应用。

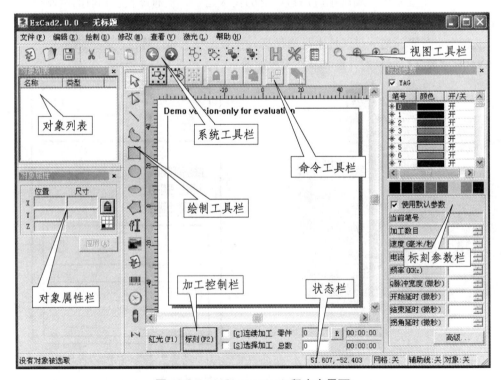

图 10.3.4　HGLasermark 程序主界面

3）加工（加工对话框见图 10.3.5）

图 10.3.5　加工对话框

① 红光：表示出要被标刻的图形的外框，但不出激光，用来指示加工区域，方便用户对加工工件定位。直接按键盘 F1 即可执行此命令。

② 标刻：开始加工，直接按键盘 F2 键即可执行此命令。

③ 连续加工：表示一直重复加工当前文件，中间不停顿。

④ 选择加工：只加工被选择的对象。

⑤ 零件数：表示当前被加工的零件总数。

⑥ 零件总数：表示当前被加工完的零件总数，在连续加工模式下无效。不在连续模式下时，如果零件数大于 1，则加工时会重复不停地加工，直到加工的零件数等于零件总数才停止。

⑦ 参数：设置当前的参数，直接按键盘 F3 键即可执行此命令。

4）配置加工参数

① 配置区域参数如图 10.3.6 所示。

② 配置激光控制参数，如图 10.3.7 所示。

图 10.3.6　区域参数对话框

图 10.3.7　激光控制参数对话框

4. 激光焊接机（W150S）

激光焊接是激光材料加工技术应用的重要方面之一，主要分为脉冲激光焊接和连续激光焊接两种。脉冲激光主要用于 1 mm 厚度以内薄壁金属材料的点焊和缝焊，其焊接过程属于热传导型，优点是工件整体温升很小，热影响范围小，工件变形小；连续激光焊接大部分采用高功率激光器，优点是深宽比大，可达 5∶1 以上，焊接速度快，热变形小。

1）W150S 面板介绍（见图 10.3.8，图 10.3.9，图 10.3.10，表 10.3.1）

图 10.3.8　W150S 外形

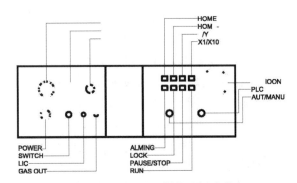

图 10.3.9　W150S 操作面板（前）

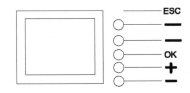

图 10.3.10　W150S 操作面板（侧）

表 10.3.1　W150S 按键说明

按键	含义	功　能
EMERGENCY	应急开关	紧急情况下，直接按下按钮即断开总电源，此后需要右旋该按钮使其复位，保持正常状态
POWER	钥匙开关	机器的控制系统供电开关，右旋开机，左旋关机
HOME	原点	回电子原点
HOME_SET	原点设置	设置当前位置为电子原点
X/Y	切换电子手轮控制轴	LED 指示灯灭表示对 X 轴起作用，LED 指示灯亮表示对 Y 轴起作用
×1/×10	电子手轮粗/细调节切换	LED 指示灯灭表示微调×1（每转动 1 格移动 0.01 mm），LED 指示灯亮表示粗调×10（每转动 1 格移动 0.1 mm）
AMING	红光指示灯控制开关	LED 指示灯灭表示关闭红光指示灯，LED 指示灯亮表示打开红光指示灯
LOCK	激光出光/锁光切换	LED 指示灯灭表示在加工过程激光正常出光，LED 指示灯亮表示在加工过程锁激光，用来模拟激光加工过程
PUSH/STOP	暂停/停止	在运行状态按下此键，LED 指示灯亮，加工过程暂停，这时可以用 RUN 键继续运行；在暂停状态按下此键，LED 指示灯灭，加工过程停止
RUN	运行	在空闲状态按下此键可启动加工程序，在暂停状态按下此键可使被暂停的加工程序继续运行，在加工过程中 LED 指示灯一直为亮的状态

2）E20-TP 手持编程器（见图 10.3.11）的使用

E20-TP 手持编程器（以后简称 TP）连接到 FX2N-20GM 两轴定位控制器（以后简称 PGU）上并且用于程序和参数的书写、插入和删除，同时也被用于监视 PGU 程序。按键说明如下。

功能键 （RD/WR，INS/DEL，MNT/TEST，PAPA/OTHER）：RD/WR 和 INS/DEL 按键能够交替转换功能，按一次选择按键字面上边的功能，再按一次选择键字面下边的功能。

指令和设备标志按键（LD，AND，X，Y 等）：这些按键上面是字指令功能，下面是设备标志或数字功能。这两个功能可以根据操作顺序自动选择。在需要对 32 位数据寄存器 D 操作时连续按两次 D 即可，显示黑体 D 表示 32 位，常规 D 表示 16 位。

CLEAR 键：用来在按下[GO]键之前取消按键输入或清除错误的信息。

图 10.3.11　手持编程器面板

HELP 键：用来显示 FNC 列表和代码指令。这个按键在输入指令时也有一个支持功能。在监视模式里，这个按键也可以用来在十进制和十六进制计数法之间转换。

Space 键：用来在输入指令或指定设备和常数时输入空格。

STEP 键：用来指定一个步号。

Cursor 键：用来移动行动光标或滚动屏幕。

GO 键：用来确定并执行一个功能或执行搜索。

3）设　置

（1）主机设置：按硬件连接关系接好各处电缆；在主机控制电路板上调节激光电路驱动脉冲输出幅度为（0.5±0.2）V；主机出厂时系统参数设置 TEAM99 的 R 栏第二位应该设置为 1；使用焊接参数——脉冲总是设为最小值 0.1，其余参数可以根据情况来设置。接通激光电源开关 K1，此时"POWER"指示灯亮，电源显示器显示主菜单并提示"Wait..."，正常情况下，大约 40 s 后，提示"OK! OK!"，则可以进行继续操作。

（2）激光电源设置：使用激光移动键的左移动或右移动箭头，选中系统栏按"OK"键进入子菜单，选择第 2 项外部触发开关设置，重复按"OK"键设为"ON"；再选第 3 项触发信号类型设置，重复按"OK"键设为"1"。按"ESC"键返回主菜单。

（3）编辑当前脉冲波形：选中编辑栏按"OK"键进入子菜单，使用跳格键以及"+"、"−"键设置出所需波形数据，并且将频率设置到最高值。主机频率将受本电源频率设置值的约束，为可靠起见，主机频率应小于电源频率。

（4）存储编辑区波形参数：在主菜单中选择记忆栏按"OK"键进入子菜单，选择"SAVE"项，使用"+""−"键确定波形存储编号；然后按"OK"键，光标提示"OK!"后，波形已经正确记忆。按"ESC"键返回主菜单。（开机默认编号为 0，并自动调到当前编辑区）注意：无须存储的程序可以跳过该步骤。

（5）安全关闭电源：在主菜单中选择系统栏按"OK"键进入子菜单，选择"System Exit"项按"OK"键，本电源执行保存当前工作参数到默认号 00 和自动关机动作。当显示器显示"System Exit OK!"时，主机可以关闭。

4）编　程

（1）定位程序的格式如下：

O2，N0

    cod91 （INC）

    cod1 （LIN）　　　　x-1600　　f1600

    cod1 （LIN）　　　　x1600　　y8000

    cod03 （CCW）　　　x1600　　i8000

    cod1 （LIN）　　　　x-1600　　y-8000

    m02 （END）

说明如下：

① 程序中 O2（英文字母"O"与"2"的组合）为定位程序的代号，是定位程序的入口处。

② cod91 （INC）表示选择用增量的方式进行编程。

③ cod1 （LIN），cod03 （CCW）为定位命令，其后跟着它的参数。

④ m02 为定位程序的结束标志。

⑤ 每个定位程序表示一种加工流程，用户可以设计多个定位程序，以实现在系统内部保存多种加工流程，并通过手持编程器把 D110 设成需要选用的加工定位程序的程序号，或在用户初始化子程序（P240）中通过 MOV 指令设置，最好通过 RUN 键或脚闸启动加工流程。

（2）指令列表见表 10.3.2 ~ 表 10.3.4。

表 10.3.2　定 位 指 令

指令名称	指令功能	使用者需掌握的指令
cod00 DRV	高速定位到指定位置	√
cod01 LIN	走直线	√
cod02 CW	顺时针走圆弧或圆	√
cod03 CCW	逆时针走圆弧或圆	√
cod04 TIME	延时一段时间	√
cod30 DRVR	回设定的电子原点	√
cod90 ABS	绝对地址	√
cod91 INC	相对地址	√

表 10.3.3　控 制 指 令

指令名称	指令功能	要掌握的指令
FNC02 CALL	调用子程序	√
FNC08 RPT	重复开始	√
FNC09 RPE	重复结束	√
FNC12 MOV	传输数据	√

表 10.3.4 操 作 指 令

指令名称	指令功能	需掌握的指令
LD	常开连接	√
LDI	常闭连接	√
AND	常开触点连接	√
ANI	常闭触点连接	√
OR	常开触点并联	√
ORI	常闭触点并联	√
ANB	并联电路块的串联指令	√
ORB	并联电路块的并联指令	√
SET	置位	√
RST	复位	√
NOP	空操作	√

（3）定位指令格式如下：

Cod01 LIN   x□□□，y□□□，f□□□

定位指令包括指令主体和操作数。上例中，指令主体包含指令字 LIN 和代号 cod01，操作数，即是指令参数，对于不同的指令都有指定的操作数类型，并在指令中按一定的先后顺序排列。定位指令中操作数说明见表 10.3.5。

表 10.3.5 操作数说明

操作数类型	含义	胜利后的默认值	单位
x	X 轴终点坐标	与起点的 X 轴坐标值一样	0.01 毫米①
y	Y 轴终点坐标	与起点的 X 轴坐标值一样	0.01 毫米①
i	X 轴圆心坐标	与起点的 X 轴坐标值一样	0.01 毫米①
j	Y 轴圆心坐标	与起点的 X 轴坐标值一样	0.01 毫米①
f	走线速度		厘米/分钟
K	延时时间		10 毫秒

（4）定位指令解释。

★ cod00（DRV） x□□□，y□□□，f□□□

功能：使工作台移动到目标点，其运行的轨迹不一定是直线，关注的只是目标点位置。f 一般是系统设定的最高速度。

★ cod01（LIN）x□□□，y□□□，f□□□

功能：使工作台以速度 f□□□沿直线移动到目标点，与 cod00（DRV）指令不同的是，其轨迹一定是一条直线。省略 f 则速度与前一条插补指令相同，第一条插补指令不可省略 f 参数。

★ cod02（CW）x□□□，y□□□，i□□□，j□□□，f□□□□

★ cod03（CCW）x□□□，y□□□，i□□□，j□□□，f□□□□

功能：工作台以速度 f□□□，以当前点为起点，以（i□□□，j□□□）为圆心，以（x□□□，y□□□）为终点，按照顺时针[cod02（CW）]或逆时针[cod03（CCW）]走圆弧或圆。

★ cod02（CW）x□□□，y□□□，r□□□

★ cod02（CW）x□□□，y□□□，r□□□

功能：工作台以速度 f□□□，以当前位置为起点，以 r□□□为半径，以[x□□□，y□□□]为终点，走顺时针[cod02（CW）]或逆时针[cod03（CCW）]圆弧。

使用 r 不可以作整个圆；当 r 为正数时表示移动的轨迹为劣弧，当 r 为负数时表示移动的轨迹为优弧。

★ cod04（TIME）K□□□

功能：延缓一段时间，每个单位为 10 ms

例子：①. cod04（TIME）K100　　表示延时 1000 ms，即 1 s。

②. cod04（TIME）KD23　　表示延时 D23 中的值×10 ms，如果 D23 中的值为 15 则延时为 $15 \times 10 = 150$ ms。

★ cod30　（DRVR）

功能：以 PARA .4 中设定的速度移动到电子原点，电子原点的设定由 HOME_SETH 按键来实现。

★ cod90（ABS）：绝对坐标地址；cod91（INC）相对坐标地址

ABS 在执行该命令后，其后的定位指令中的（x，y）都是决定地址。然而，圆心坐标及半径坐标总是作为增量值，不受该命令的影响。如果用户程序的开始使用绝对地址方式，直到执行了 cod91 才改变为增量地址方式，其后可以再通过 cod90 重新设置为绝对地址方式。

INC 执行该命令后，其后的定位指令中（x，y）都是相对于当前点（定位命令的起点）的增量值。

（5）特殊功能子程序见表 10.3.6。

表 10.3.6　特殊功能子程序说明

子程序名	功能描述	子程序名	功能描述
P222	连续点焊	P233	单点焊接
P223	等待所有按键都松开	P238	暂停
P227	带预出光的出光	P240	用户程序初始化
P228	立即出光	P244	定时点焊
P232	关闭激光	P251	单点焊接

P222　连续点焊

该程序先等待用户按下 RUN 开关键然后开始连续点焊，直到 RUN 开关释放，焊接才停止。点焊的频率通过电源箱液晶面板旁的按键设定。如果需要继续出激光，可直接使用系统 O84 系统定位程序。

P223　等待所有的按键都松开

用在定位程序的末尾调用该程序，以防止在加工完成以后，由于检测到 RUN 或脚踏键开关仍然开着，从而造成设备继续加工。

P227　带预出光的出光

由于激光在较长时间不出光后再重新出光，出来的激光不稳定。这时可调用该程序让系统自动禁止前一段不稳定的激光后再出光，可在调用该子程序前用 MOV 指令给 D104 赋予新值。该值下次修改前一直有效，可在使用定位程序开头设置一次即可。禁止的时间 = D104 的值 × 10 ms。建议时间设在 1 s 以上。该子程序在完成预出光后接着执行 P228 的功能。

P227 与 P228 只有在工作台运动起来后才真正开始出光，以实现与加工轨迹同步。

P228　立即出光

在使用加工过程只是短暂停止出光后就继续出光的，可调用该程序直接出激光，它的速度要比调用 P227 快，使用者可先尝试使用该程序，如果焊接达不到要求，再调用 P227 程序。

P232　关闭激光

当需要停止激光时调用该程序。

P233　单点焊接

该程序先等待使用者按下 RUN 或脚踏开关键，然后开始焊接一个点，接着等待 RUN 和脚踏开关都释放。使用者调用此程序中需要吹保护气体且没有别的操作，可直接使用 O83 系统定位程序。

P238　暂停

使用该程序可暂停工作台的运动，直到使用 RUN 或脚踏开关。可用丁刚接过程工件需重新调整位置，如需要在暂停过程关闭已经打开的激光，则需要在此之前调用 P232 程序。

P240　用户程序初始化

该程序只在设备上电或模式切换开关 MANU→AUTO 后系统初始化过程由系统自动执行一次。用户可以看具体应用在该程序内部设定一些数据寄存器的值为系统的初始值。如 D110，D104 以及使用者自定义的用于其他功能的数据寄存器。

P244　定时点焊

该程序可实现在当前位置进行一定时间的焊接，焊接时间由 D108 决定，单位为 10 ms。

（6）范例，编写如图 10.3.12 所示零件的焊接加工程序。

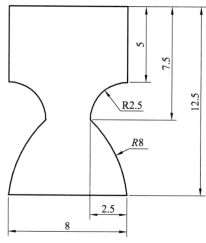

图 10.3.12　激光焊接加工示例图

① 编写程序。程序如下：

```
O2，N0
    Cod91 （INC）
 CALL    2    P227
    Cod01 （LIN）    y500    f500;
    Cod02 （CW）     x250    y250    r250;
    Cod03 （CCW）    x－250   y500    r800;
    Cod01 （LIN）    x－800;
    Cod03 （CCW）    x－250   y－500   r800;
    Cod02 （CW）     x250    y－250   r250;
    Cod01 （LIN）    y－500;
    Cod01 （LIN）    x－800;
    CALL 2   P232;
    Cod30 （DRVR）;
    CALL    2   P223;
    M02 （END）
```

② 写入程序并调用程序。通过 RD/WR 指令，使用手持编程器把程序输入到存储器中；通过下列指令，把程序调到 D110 中：

三、实训示例

在金黄色铝片上打标如图 10.3.13 所示图像。

加工步骤如下：

（1）开机；

（2）输入图像；

（3）处理图像；

（4）调整图像的显示大小（点击"红外光"）；

（5）将铝片放在工作台上，铝片与红外光对正，若红光小于材料需求，则放大图形，反之亦然，固定好加工铝片的位置；

（6）寻找焦点（将一张废弃的材料放在加工材料的表面，进行标刻，并上下调整工作台）；

（7）适当调整光强，选择最佳效果；

（8）开始加工（去掉废弃材料）。

图 10.3.13　激光打标加工示例图像

第四节 3D打印加工

一、实训目的

（1）了解3D打印机的加工原理、特点和应用；

（2）掌握3D打印机的基本操作；

（3）熟悉3D打印的参数设置。

二、实训准备知识

1. 3D打印加工原理

3D打印（3D printing）是快速成型、增材制造技术中的一种，是一种以数字模型文件为基础，运用粉末状金属或塑料等可黏合材料，通过逐层打印的方式来构造物体的技术。图10.4.1所示为3D打印加工原理图。

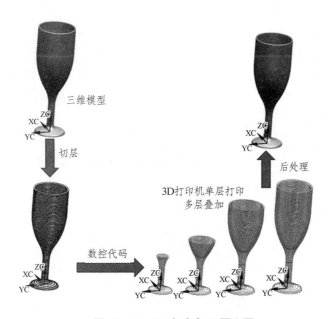

图10.4.1　3D打印加工原理图

2. 3D打印的分类

3D打印按照方式不同可分为：

①　熔融沉积快速成型（Fused Deposition Modeling，FDM），如图10.4.2所示。

②　光固化成型（Stereo lithography Appearance，SLA），如图10.4.3所示。

③　三维粉末黏结（Three Dimensional Printing and Gluing，3DP），如图10.4.4所示。

④　选择性激光烧结（Selecting Laser Sintering，SLS），如图10.4.5所示。

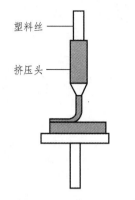

图 10.4.2　FDM 的加工示意图

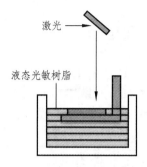

图 10.4.3　SLA 的加工示意图

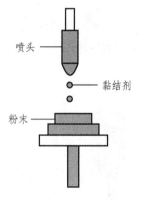

图 10.4.4　3DP 的加工示意图

图 10.4.5　SLS 的加工示意图

⑤ 分层实体制造（Laminated Object Manufacturing，LOM），如图 10.4.6 所示。

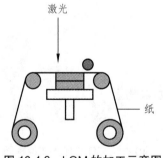

图 10.4.6　LOM 的加工示意图

3. 3D 打印的特点和应用

3D 打印的特点如下：

① 自由打印，私人定制。无须集中、固定车间，在办公室或家里都能自由打印，还能打印任意形状的物品。

② 门槛低，人人造。不需要像传统的加工一样学习复杂的操作和编程，简单明了的操作就能实现从图纸到实物。

③ 节省时间，节约材料，降低成本。直接打印成品，可以节省制造模具时间；不用剔除边角料，提高了材料的利用率，还能打印装配体，节省装配成本。

④ 单件的加工时间长，加工效率不高。

⑤ 制造精度不高，只能作为原型使用，不能作为功能性零件使用。

⑥ 材料受限，价格昂贵。主要使用的材料有塑料、树脂、石膏、陶瓷、砂和金属等，材料价格较昂贵。

3. 3D 打印机（Xyz Printing da vinci 1.0）

Xyz Printing da vinci 1.0 版本的 3D 打印机的结构和功能较简单，其结构和操作面板如图 10.4.7 所示，使用工具如图 10.4.8 所示。

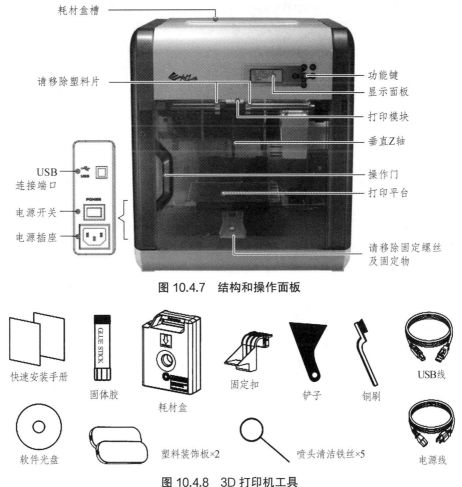

图 10.4.7　结构和操作面板

图 10.4.8　3D 打印机工具

具体的操作如下：

（1）开机。将电源线连接到 220 V 电源上，将 USB 线连接到电脑上，打开 3D 打印机电源开关。

（2）安装耗材盒。打开耗材盒，将其正确安装进打印机，如图 10.4.9 所示。

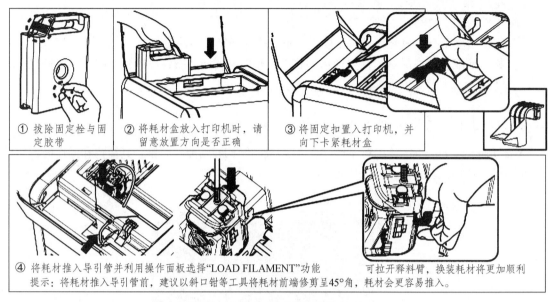

① 拔除固定栓与固定胶带

② 将耗材盒放入打印机时，请留意放置方向是否正确

③ 将固定扣置入打印机，并向下卡紧耗材盒

④ 将耗材推入导引管并利用操作面板选择"LOAD FILAMENT"功能
提示：将耗材推入导引管前，建议以斜口钳等工具将耗材前端修剪呈45°角，耗材会更容易推入。

可拉开释料臂，换装耗材将更加顺利

图 10.4.9　安装耗材盒

（3）载入耗材，如图 10.4.10 所示。

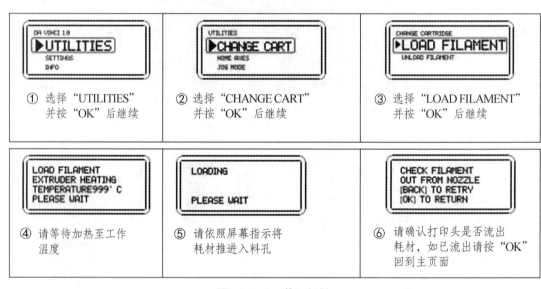

① 选择 "UTILITIES" 并按 "OK" 后继续

② 选择 "CHANGE CART" 并按 "OK" 后继续

③ 选择 "LOAD FILAMENT" 并按 "OK" 后继续

④ 请等待加热至工作温度

⑤ 请依照屏幕指示将耗材推进入料孔

⑥ 请确认打印头是否流出耗材，如已流出请按 "OK" 回到主页面

图 10.4.10　载入耗材

三、实训示例

加工步骤如下：

（1）开机；

（2）打开 XYZware 软件，汇入 STL 格式的三维图，如图 10.4.11 所示。

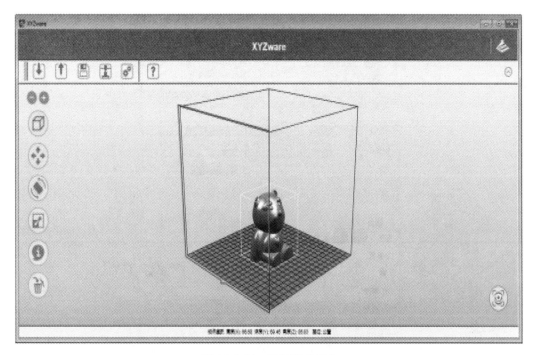

图 10.4.11　三维图的汇入

（3）模型处理。对模型进行移动、旋转、缩放等处理，如图 10.4.12 所示。

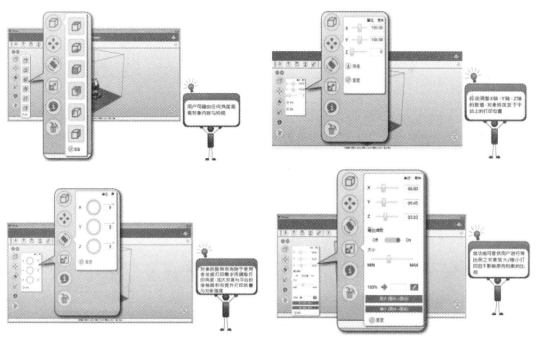

图 10.4.12　模型处理

（4）选择打印机，设置打印参数。选择对应的打印机，设置支撑、底座、3D 密度、外壳、厚度、打印速度等参数，如图 10.4.13 所示。

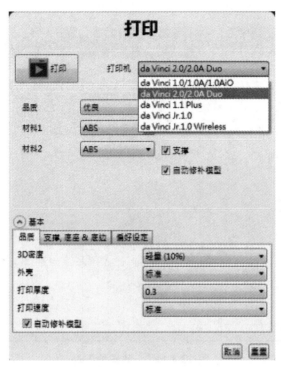

图 10.4.13　设置打印参数

（5）XYZware 软件根据参数设置对模型进行切层，规划加工数控数据，输入打印机。

（6）打印机接收数据，开始加工。

（7）对打印好的作品进行打磨抛光等后续处理。

附　录

一、学生实训守则

1. 金工实训是培养学生实践技能和创新精神的重要基地，学生应认真进行金工实训。

2. 实训前，要认真阅读实训指导书，检查实训设备、工具是否齐全，经老师同意后方可进行实训。

3. 掌握实训工具、设备的使用方法，严格按照安全操作规程进行操作，独立完成实训操作。注意观察实训过程中的各种现象，善于发现问题，培养分析问题、解决问题的能力。

4. 自觉遵守实训中心的各种规章制度，增强安全意识，注意人身和设备安全，要服从实训指导教师的指导。

5. 爱护国家财产，不许乱拆实训设备。如有损坏应及时报告指导教师，说明原因，并视情况处理或赔偿。如损坏设备不报告者，一经发现将严加处罚。

6. 实训室内严禁喧闹、串位、吸烟，不准随地吐痰和乱丢杂物。保持实训车间干净、整洁。

7. 每次实训结束后，要清点、整理好工具，打扫地面、工作台、设备等后方能离开实训车间。

8. 对不遵守此守则的学生，指导教师有权对其进行批评教育，直至终止其实训。

二、实训安全操作规程

（一）铸造安全操作规程

1. 进入车间，不准穿拖鞋、凉鞋、裙子，严禁在车间内追逐、打闹、喧哗、听广播等。

2. 勿靠近或接触车间内高压电器设施、熔炼炉等，避免烫伤或触电。

3. 筛砂过程中切勿用手或其他物体接触运动的机械部分。

4. 造型工具应放在工具箱内，不能随便乱放，实训完毕要把工具清理干净。

5. 铲砂时要小心，以防铲伤周围同学，搬动砂箱时小心砸伤手脚。

6. 使用完砂箱及平板后，应在砂堆边将砂粒清理干净，再将砂箱和平板放回原处堆放整齐，不要堆放太高。

7. 出铁（或铝）时铁（铝）水包要对准出铁（铝）槽，以免飞溅伤人，包内铁水（或铝水）不能过满。

8. 不能使用湿的、生锈的及冷铁去搅动铁水或扒渣。

9. 清理铸件时应注意周围环境，以免伤人。

10. 不可用手、脚触及未冷却的铸件。

11. 实践场所禁止吸烟，实现教学场地"无烟区"。

12. 工作结束后，打扫车间，随时保持车间及周边环境整洁卫生。

（二）电焊安全操作规程

1. 切勿靠近或接触高压进线装置。移动焊机，接电源需由专门人员完成。调节电流只许在空载状态下进行，未经培训不准开启车间电门、开关等。

2. 检查焊接场地，不准堆放易燃易爆物品，防止火灾。

3. 按规定要求穿好工作服，戴好工作帽和手套，禁止穿拖鞋、凉鞋、裙子。防止弧光伤害，防止烫伤。

4. 严禁在车间内追逐、打闹、喧哗、接听广播等。

5. 不准在焊机输出端（焊钳和工件）相接触时启动电焊机。

6. 不得超载使用电焊机，焊机不允许长时间短路，非焊接时间内，不要把焊钳放在工件上，以免造成短路。

7. 焊条粘扯应迅速松开所夹焊条，避免短路烧毁焊机。

8. 焊接过程中，发现异常或有人触电时，应立即切断电源，并通知有关人员及时排除故障。

9. 敲打清渣时谨防烫伤。

10. 实践场所禁止吸烟，实现教学场地"无烟区"。

11. 工作完毕后，切断电源，清理场地，检查周围没有遗留火种后，方可离开。

（三）钳工安全操作规程

1. 进入车间实训时，不准穿凉鞋、拖鞋、裙子和戴围巾。严禁在车间内追逐、打闹、喧哗、听广播等。

2. 使用带把的工具时，检查手柄是否牢固、完整。

3. 虎钳装夹时，工件应尽量放在中间卡紧，锉削时手不准摸工件，不准用嘴吹工件。

4. 錾子头部不准淬火，不准有飞刺，不能沾油，錾削时要戴防护眼镜。

5. 用手锯时锯条要上正，拉紧力不能用力过大、过猛。

6. 手锤必须有铁楔，抡锤的方向要避开旁人。

7. 各种板牙、丝锥的尺寸要合适，防止滑脱伤人。

8. 操作钻床不准戴手套，运转时不准变速，不准用手触摸工件和钻头。正确使用套管、铁楔和钥匙，不准乱打乱砸。

9. 发生事故后保护现场，拉掉电闸，并向有关人员报告。

10. 下班前清点工具，清理工作台，擦净机床，清扫铁屑和冷却液，搞好车间卫生，切断机床电源。

（四）车工安全操作规程

1. 进入车间实训时，必须按规定穿戴劳保用品，不准穿凉鞋、拖鞋、裙子和戴围巾、不准戴手套进入车间，检查穿戴，扎紧袖口。女生和长发男生必须戴工作帽，将长发或辫子纳入帽内。

2. 严禁在车间内追逐、打闹、喧哗、听广播等。

3. 操作者要熟悉机床的性能和使用方法，未经培训者不可擅动机床。

4. 操作时，思想要集中，不准与别人闲谈，禁止串岗。头不能靠工件太近，以防切屑或其他物件飞入眼中或撞伤面部。

5. 身体、手或其他物件不能靠近正在旋转的机械。如：卡盘、皮带、齿轮等。

6. 未经同意不准动用设备，不准扳动电闸、电门、防护器材等。

7. 工件、刀具等必须装夹牢固后才能开车，以防飞出伤人。

8. 不可用手直接清除切屑，必须用专用的钩子或毛刷清除。

9. 先停车后变速，卡盘没有停止转动不准搬动变速手柄，卡盘扳手必须随手取下，以免开车时甩出造成事故。

10. 电气线路和器件等发生故障应交维修工处理，自己不得拆卸，不准自己动手敷设线路和安装电源。

11. 装夹工件、调整卡盘、换刀、校正和测量工件时，必须停车进行，并将刀架移到安全处，校正后要搬出垫板等物，方可开车。

12. 工作完毕后要清理机床，清点工具，搞好车间卫生。

（五）数控车安全操作规程

1. 进入工作场地必须穿戴工作服。操作时不准戴手套，女同学须戴工作帽。严禁在车间内追逐、打闹、喧哗、听广播等。

2. 上机操作前应熟悉数控机床的操作说明书。

3. 开车前，应检查数控机床各部件机构是否完好、各按钮是否能自动复位。

4. 在切削铸铁、气割下料的工件时，导轨上润滑油要抹去，工件上的型砂杂质应清除干净。

5. 使用冷却液时，要在导轨上涂上润滑油。

6. 严禁用手迫使卡盘或刀具停止转动和清除切屑，严禁机床运转时变速及测量工件，严禁擅自移动机床各行程挡块，严禁私自打开机床电气控制箱。

7. 操作时精力应高度集中，出现问题应立即切断机床电源，并向实训指导老师报告。

8. 工作结束后，将各手柄摇到零位，关闭总电源开关，将工卡量具擦净放好，擦净机床，做到工作场地清洁整齐。

（六）铣床安全操作规程

1. 进入车间不准戴围巾、手套、穿拖鞋、凉鞋、裙子，长头发的应戴好安全帽。严禁在车间内追逐、打闹、喧哗、听广播等。

2. 拆装铣刀时，台面应垫木板，禁止用手去托刀盘。

3. 使用各类刀具，必须清理好接触面、安装面、定位面。

4. 自动进给时，必须脱开手动手柄，并调整好行程挡块，紧固。

5. 先停车后变速。进给未停，不得停止主轴转动。

6. 机床、刀具未停稳，不得用异物强制刹车，不得测量工件。

7. 严禁用手摸或用棉纱擦拭正在转动的刀具和机床的传动部位，清除铁屑时，只允许用毛刷，禁止用手直接清理或嘴吹。

8. 严禁在工作台面上敲打、校直工件或乱堆放工件。夹紧工件、工具必须牢固可靠，不得有松动现象。

9. 工作时头、手不得接近铣削面，卸工件时，必须移开刀具后进行。

10. 对刀时必须慢速进刀，刀接近工件时，需用手摇进刀。

11. 工作时，必须精力集中，禁止串岗聊天，擅离机床。

12. 工作结束后，要清理好机床，工作台面锁紧或安全到位，加油维护，切断电源，收好工、量、刀刃具，搞好场地卫生。

（七）刨床安全操作规程

1. 进入实训车间严禁穿拖鞋、凉鞋、裙子，严禁在车间内追逐、打闹、喧哗、听广播等。

2. 清理导轨面灰尘，往各滑动面及油孔加油。

3. 检查刀架与工作台面的位置，工件、刀具要卡紧。

4. 检查各手柄的位置、滑块行程长度、行程位置和速度是否合适，各有关部分是否锁紧，棘爪、棘轮是否脱开。

5. 转动刀架时不准击打。

6. 长度调整器上的手柄使用后要及时取下，工作台上不准放工具、量具。

7. 开车后，不准变速或做其他调整工作，不准用手摸刨刀、工件和机床运动部分，不准度量尺寸。

8. 操作刨床时要精神集中，走自动时不准离开机床，应站在合适的位置。

9. 发现异常现象（如工件、刀具松动），要立即停车。

10. 发生事故时，切断电源，保护现场，向有关人员报告事故情况。

11. 工作结束后，擦净机床，拉掉电闸，整理工件，清扫场地。

（八）装配安全操作规程

1. 工作前检查所使用工具是否牢固，各电动工具绝缘是否良好。

2. 设备拆卸、装配时，必须先切断电源，卸除余压、势能。

3. 拆卸的或者待装的大小部件，要放在适当位置，以防绊倒或砸伤。

4. 严禁在活动梯子上使用电钻。

5. 禁止用汽油清洗机件，在使用喷灯时，附近不准有易燃、易爆物品。

6. 工作完毕要清理现场。对剩余的易燃品等要及时回收并妥善保管，以防引起火灾。

（九）3D 打印安全操作规程

1. 进入工作实训车间必须穿戴工作服，女同学必须戴工作帽。严禁在车间内追逐、打闹、喧哗、听广播等。

2. 上机操作前应熟悉打印机的操作说明书。

3. 开机后，不能用手直接触摸喷嘴和平板。

4. 打印过程中，不能打开防护门。出现异常情况要根据具体情况选择暂停、停止或切断电源。

5. 打印完成后，要等作品充分冷却后方可取出，不能强行铲下零件，避免损坏平板。

6. 工作结束后，关闭总电源开关，将工具整齐摆放到相应位置，擦净机床，打扫卫生，做到工作场地清洁整齐。

三、实训考勤纪律

1. 严格遵守劳动纪律。上班时不得擅自离开工作场所，不能干私活及做其他与实训无关的事情。

2. 学生必须严格遵守实训的考勤制度。实训中一般不准请事假，特殊情况需请事假，要经中心领导批准，并经实训教师允许后方可离开。

3. 病假要持校医院证明及时请假，特殊情况（包括在校外生病）必须尽早补交正式的证明，否则以旷课论处。

4. 不得迟到、早退。对迟到、早退者，除批评教育外，在评定实训成绩时要酌情扣分。

5. 考试不准作弊。对考试作弊者，按学校有关规定严肃处理。

参考文献

[1]　杨进德，周峥嵘. 金工实训[M]. 成都：西南交通大学出版社，2014.

[2]　高美兰. 金工实训[M]. 北京：机械工业出版社，2006.

[3]　李喜桥. 创新思维与工程训练[M]. 北京：北京航空航天大学出版社，2005.

[4]　赵玲. 金属工艺学实训教材[M]. 北京：国防工业出版社，2002.

[5]　孔德音. 金工实训[M]. 北京：机械工业出版社，2002.

[6]　郭永环，姜银方. 金工实训[M]. 北京：北京大学出版社，2006.

[7]　吴鹏，迟剑锋. 工程训练[M]. 北京：机械工业出版社，2005.

[8]　朱江峰，肖元福. 金工实训教程[M]. 北京：清华大学出版社，2004.

[9]　张远明. 金属工艺学实训教材[M]. 2 版. 北京：高等教育出版社，2003.

[10]　谷春瑞，韩广利，曹文杰. 机械制造工程实践[M]. 天津：天津大学出版社，2004.

[11]　黄明宇，徐钟林. 金工实训[M]. 北京：机械工业出版社，2003.

[12]　黄克进. 机械加工操作基本训练[M]. 北京：机械工业出版社，2004.

[13]　清华大学金属工艺学教研室. 金属工艺学实训教材[M]. 3 版. 北京：高等教育出版社，2003.

[14]　朱世范. 机械工程训练[M]. 哈尔滨：哈尔滨工程大学出版社，2003.

[15]　魏峥. 金工实训教程[M]. 北京：清华大学出版社，2004.

[16]　廖维奇，王杰，刘建伟. 金工实训[M]. 北京：国防工业出版社，2007.

[17]　邵刚. 金工实训[M]. 北京：电子工业出版社，2004.

[18]　徐小国. 机加工实训[M]. 北京：北京理工大学出版社，2006.

[19]　王瑞泉，张文健. 普通车床实训教程[M]. 北京：北京理工大学出版社，2008.

[20]　王永明. 钳工基本技能[M]. 北京：金盾出版社，2007.

[21]　孙以安，鞠鲁粤. 金工实训[M]. 上海：上海交通大学出版社，1999.

[22]　柳秉毅. 金工实训[M]. 北京：机械工业出版社，2004.

[23]　李军，兰文清. 金工技能教程[M]. 北京：北京理工大学出版社，2008.

[24]　郑晓，陈仪先. 金属工艺学实训教材[M]. 北京：北京航空航天大学出版社，2005.

[25]　陈国桢，肖柯则，姜不居. 铸件缺陷和对策手册[M]. 北京：机械工业出版社，2003.

[26]　罗敬堂. 铸造工实用技术[M]. 沈阳：辽宁科学技术出版社，2004.

[27]　李洪智，王利涛. 数控加工实训教程[M]. 北京：机械工业出版社，2006.

[28]　詹华西. 数控加工技术实训教程[M]. 西安：西安电子科技大学出版社，2006.